收錄26種牧草、66種食材、29種單一飼料的營養成分表，
以及兔子的營養需求量表

兔兔喜歡吃什麼？
兔子的飲食與營養百科

大野瑞絵・著

本書的閱讀方式

本書會從各種面向解說兔子的飲食，希望為新手或老手飼主提供有用的資訊。一開始建議從頭到尾讀一遍，之後若想了解與兔子相關的飲食知識，可再以翻閱的方式查詢。

不可不知的餵食方法

當家中增加了兔子這位新成員，想了解牠們的基本飲食習慣時，可閱讀

▶part 2　兔子與每天的飲食生活（從P27開始）

想自己動手煮兔子的三餐！

▶從P99開始

可以給兔子吃香菜嗎？

▶P61

不可不知的挑選食材方法

想知道該給兔子吃哪種食材，以及這些食材的挑選方法與特徵時，可閱讀

▶part 3　徹底研究兔子吃的食材（從P35開始）

▶part 6　食物的資料庫（從P145開始）

想讓兔子減肥！

▶從P124開始

想知道該餵哪些食物給生病的兔子時

▶P134、P140

兔子的飲食可依照用途分成哪些種類

「這時候該怎麼做？」在飲食上遇到問題時，可閱讀

▶part 5　不同目的的餵食方式（從P113開始）

前言

待在籠子裡的兔子常常會發出各種聲音，而我覺得最悅耳的，莫過於兔兔吃牧草的聲音。有時候還會聽到長長的牧草有規律地與籠子鐵網碰撞的聲音，這代表可愛的兔兔正在吃牧草。雖然這是兔子再平常不過的生活，但看在許多飼主眼裡，都覺得這樣的牠們好可愛，心裡也會浮現類似「今天也吃得頭好壯壯，排出很漂亮的大便啊」的感覺，對飼主來說，這應該是無可取代的幸福吧。

於2011年秋天發行舊版後，這本「新版　徹底了解兔子的飲食與營養」總算在8年後完成了。大幅修訂之後的新版不僅針對兔子最重要的「飲食」說明，也刊載了比舊版更充實的資訊。若本書能被大家當成照顧兔子的參考書，隨時放在身邊翻閱，那真是作者的一大榮幸。

「Part5　不同目的的餵食方式」是請到三輪恭嗣監修。本書之所以能夠問世，除了背後許多工作人員努力，也有不少飼主提供寶貴的意見，相信這些意見都能解決其他飼主的煩惱，也能幫助可愛的兔兔。在此由衷感謝給予協助的各位。

希望日後能有更多機會看到兔兔那可愛的臉龐，以及於一旁守護兔兔的飼主露出開心的笑容。

大野 瑞絵

contents

※本書的內容為根據2011年9月日本發行的「よくわかるウサギの食事と栄養」大幅增補修訂。

part 1

兔子與飲食的基本資訊

兔子是草食性動物，擁有從植物攝取營養的特殊消化系統，例如不斷長長的牙齒以及較大的盲腸，所以最重要的是餵牠們吃纖維豐富的食物，不過牠們需要的營養素可不只這些。接著就讓我們一起了解各種營養素吧。

1. 兔子的飲食之所以重要的三個理由

飲食有助於發育

不管是兔子還是其他動物，都必須從食物攝取必要的營養，才能發育以及維持健康。

於食物蘊藏的營養會在體內轉化成不同的樣子，形成身體的每個部分，例如蛋白質會轉換成肌肉與體毛。如果沒有在發育期攝取足夠的蛋白質，就無法順利成長。再者，蛋白質、醣質、脂質這類營養也是維持生命所需的熱量來源。

不同的動物需要不同的營養，而這些營養過與不及都會造成疾病，飲食對身體的影響就是如此深刻。

要維持兔子的身體健康，就必須提供保護腸道環境的飲食，這是因為牠們擁有從植物攝取營養的特殊消化系統。此外，適當的飲食也能有效預防兔子罹患常見的腸胃病與牙齒疾病。

飲食能讓兔子開心

食慾是本能之一，進食不僅能填飽肚子，更能得到心靈上的滿足。

草食動物的兔子花在進食的時間占活動時間的比例非常高，所以即使是飼養的兔子，也最好讓牠們多花一點時間進食，才能讓牠們感到開心。

此外，兔子吃到好吃的食物也會非常開心，兔子也非常需要「進食的樂趣」。

進食能讓身體與心靈得到滿足。

COLUMN

飲食與環境豐富化

所謂「環境豐富化」是一種照顧動物的立場，主要是替牠們準備多元的生活環境，讓牠們能依照天性行動，其中之一便是讓牠們重現野生環境之下的行為。

不同的動物有不同的進食方式，例如野生兔子在一天之中，會花非常多時間進食。單一飼料雖然擁有豐富的營養，卻不需要花太多時間吃。牧草之所以會成為兔子的推薦主食，原因之一就是為了讓兔子重現「需要花時間進食」的行為。

此外，在餵牠們吃牠們喜歡的食物時，若能稍微花點心思設計一下，就能讓牠們在日常的生活中，重現「找食物」這項行為。

食物能建立飼主與兔子的關係

◆餵食是飼主的責任

從飼主的立場替兔子安排飲食時，可從幾個不同的角度思考。

第一個角度是飼主的責任。寵物兔的食物100%是由飼主提供，所以兔子只能吃飼主給的食物。除了不餵食物或水之外，餵食不適當的食物也是一大問題。兔子可以吃的食物很多，今後的種類也會愈來愈多，所以請從中挑出更適合兔子吃的食物，照顧兔子的健康。

◆將食物當作溝通方式

從另一個角度來看，食物可在飼主與兔子的內心之間搭起橋樑，尤其是餵兔子喜歡的食物，就有機會進一步與兔子溝通。雖然餵太多牠們喜歡的食物會害牠們變胖，但飼主的確能透過食物與兔子建立良好的關係。

在超市看到當令的蔬菜或是在寵物店看到新的零食時，腦海是不是會浮現兔子吃得很開心的畫面呢？食物就是會讓我們想更加疼愛兔子呢。

◆必須持續思考餵食內容

隨著時代的演進，餵食的內容也跟著改變。本書所介紹的是「2019年，最適合兔子吃的食物」。很多兔子之所以愈活愈長壽，當然與飲食生活的改善有關。「餵食大量牧草」的現代餵食風格可說是最適合寵物兔的進食內容。

只不過，不是每隻活得長壽的兔子都吃一樣的食物，有些不吃牧草的兔子也一樣活得長久。這也讓我們知道，沒有一套適用於任何兔子的餵食規則。

希望大家能不斷思考「我家兔兔到底該吃什麼」，而這種思考過程也是與兔子相處的樂趣之一。

食物可拉近兔子與飼主之間的距離。

COLUMN

免於缺乏營養、飢餓與乾渴的福利～節錄自「五大福利」

所謂「五大福利」是動物福利的國際標準，起源於英國為家畜福利制定的標準。「免於缺乏營養、飢餓與乾渴的福利」指的是在餵食食物時，必須餵食適當的種類、分量與次數，還要提供足量的淨水。

「動物基本福利的『五大福利』」

1. 免於缺乏營養、飢餓與乾渴之福利。
2. 免於生理上及心理上不適之福利
3. 免於疾病與傷害之福利。
4. 免於恐懼與緊迫之福利。
5. 自然表現行為之福利。

2. 兔子的生態與飲食

兔子是草食性動物

兔子是以草本植物（也就是葉子類）為主食的草食性動物。

兔子的消化器官已進化為攝取植物的系統，例如牙齒可將纖維較多的植物嚼爛，而且牙齒會不斷長出來，所以不會磨損磨到沒有牙齒。兔子的消化器官有許多微生物，能分解植物的細胞，讓分解後的細胞發酵成營養。

正因為兔子的消化器官有這些功能，所以兔子才能從植物攝取營養。

與進食相關的行動

◆兔子的進食時間在早上與傍晚

野生的兔子習慣在傍晚到黎明這段時間進食，另有觀察記錄指出，家兔習慣在早上六點以及下午四點到六點這段時間進食，也就是基於這種進食的生理時鐘，才會推薦在早上以及傍晚餵兔子吃東西。

◆不會囤食

囤食指的是將食物囤積在巢穴或行動範圍之內的行為。兔子近親之一的鼠兔（在日本北海道棲息的鼠兔稱為蝦夷鼠兔）習慣在夏天到秋天這段時間儲存葉子、花朵與香菇，以度過嚴寒的冬天。除了鼠兔之外，其他的兔子沒有囤食的習性。

◆搬運築巢的材料

懷孕的母兔會為了養育後代將草搬到巢穴，然後拔下身上的毛，鋪成溫暖的床。即使是家兔，偶爾也會看到牠們將牧草啣到巢穴的模樣，一般將這種行為稱為「假性懷孕」，就是沒有實際懷孕的意思。

◆利用食物「學習」

動物都有學習能力，換言之因為做了「某件事」而得到「好結果」之後，牠們就會為了想要得到那個「好結果」而再做一次「某件事」。

最能讓牠們覺得是「好結果」的莫過於「食物」了。

其中一種情況就是叫牠們的名字，等到牠們過來，再餵牠們食物。這種模式可讓兔子獲得「聽

兔子是草食性動物。

收集築巢材料的兔子

兔子會記住「好結果」

到名字，就能吃到點心」的經驗，也會變得願意來到主人身邊。

另一種情況就是在籠子裡餵點心，如此一來，兔子就會覺得「待在籠子裡會有好事發生」，也會更習慣進入籠子裡。

在餵點心之前，可先搖晃裝點心的容器，讓容器發出聲響。這種方法可讓兔子在聽到這個容器的聲響之後，立刻跑到主人身邊。只要讓兔子記得這種經驗，之後若發生緊急情況，就能讓兔子立刻跑到身邊來（例如兔子準備搞破壞的時候，就能利用這個方法阻止）。

這種學習能力不僅可用來學習正面的結果，也能用來學習負面的結果，例如兔子很常「啃籠子的鐵網」，如果在牠們啃鐵網的時候餵零食，會讓兔子以為「啃鐵網就能得到零食」，也會養成牠們啃鐵網的壞習慣，所以餵零食的時候，千萬要注意這類細節。

野生兔子的食性

要知道該餵家兔吃哪些食物，不妨先了解野兔都吃些什麼。雖然無法完全照著野生環境下的食物餵食，但了解野兔吃什麼，還是能學到一些餵食上的重點。

野兔的主食為禾本科、豆科與菊科這類葉子水分較多的植物。在冬天或是極端環境下，兔子會選擇吃植物的莖、芽、樹葉、樹皮或植物的根部，如果是在農田裡生活，就會吃萵苣、高麗菜、根莖類蔬菜與穀類。

接著讓我們參考一些資料，了解野兔都吃哪些植物吧。

case 1

野兔愛吃羊茅、短柄草、糯米草這類禾本科植物。若無法充分攝取這類植物，會改吃雙子葉植物，例如豆科與菊科的植物。（節錄自《Nutrition of the Rabbit》）

case 2

冬季，兔子會吃幼苗或嫩芽，也會吃杜松（刺柏）或金雀兒（金雀花）這類灌木。在種植的樹種之中，兔子尤其愛吃蘋果樹（薔薇科）的樹皮，也喜歡吃櫻桃樹或桃樹的樹皮。（節錄自《Nutrition of the Rabbit》）

case3

夏天攝取的植物：酸模（蓼科）、山地蒿（艾屬）、布氏宿柱薹（莎草科）、野蕪菁（十字花科）。

秋天攝取的植物：白藜（藜科）、日本牛膝（莧科）、膜緣披鹼草（禾本科）。（節錄自「兔子學」）

糯米草（禾本科）

酸模（蓼科）

山地蒿（菊科）

白藜（藜科）

日本牛膝（莧科）

3. 與進食有關的身體構造

牙齒的構造

◆愈長愈長，不斷磨損的牙齒

兔子的牙齒長成適合攝取植物的形狀。

兔子共有28顆牙齒，其中切齒（門牙）有6顆，臼齒有22顆，沒有人類與貓狗常見的犬齒。

在母兔肚子裡的小兔兔會先長出乳齒，出生30天左右才會換成恆齒。乳齒共有16顆。

兔子牙齒的最大特徵之一為「一輩子都會不斷長長」。

人類或貓狗的牙齒一旦長好就不會繼續長，而且會因為咬耗※1與磨耗※2而不斷變短，無法恢復成原本的長度。

兔子或齧齒目動物都具有常生齒，也就是一輩子會不斷長長的牙齒，而兔子的所有牙齒都是常生齒（齧齒目的松鼠或倉鼠只有切齒為常生齒）。曾有記錄指出，兔子的上顎切齒一年約增加12.7公分，下顎切齒一年約增加20.3公分。

雖然兔子的牙齒會不斷長長，卻也會因為進食而磨損，所以不會因為牙齒太長而出現咬合不正的問題。

◆切齒的功能與構造

兔子的切齒共有6顆，全部長在口腔的前方，所以只要兔子打哈欠，就會露出這些牙齒，但平常只能看得到上下各2顆的切齒。其實上顎的切齒後側還長有2顆小顆的切齒，大顆的切齒稱為上門牙與下門牙，後側的小顆切齒則稱為鑿齒（peg teeth。意思是長得像酒桶的栓子或是帳篷釘的牙齒）。（本書所說的「切齒」都是上門牙或下門牙）。

切齒的用途之一是咬斷食物。切齒的末端非常銳利，能咬斷堅韌的植物莖部。被咬成小段的食物會被送到口腔深處，由臼齒碾爛再吞下去。切齒也有維護門面的功能。

牙齒表面有一層琺瑯質，是兔子身上最硬的組織，下顎的切齒幾乎全由琺瑯質組成，上顎的切

兔子打哈欠的時候，會露出其他的牙齒

兔子的牙齒構造圖

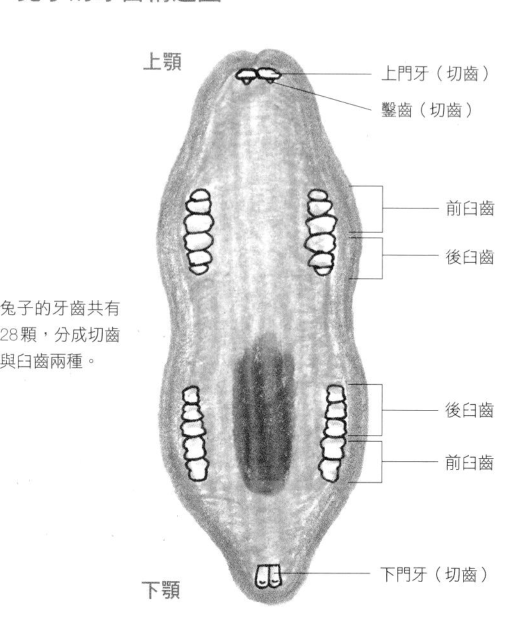

兔子的牙齒共有28顆，分成切齒與臼齒兩種。

齒則只有外側（唇側）的牙齒有覆蓋琺瑯質，內側（舌側）的牙齒則由硬度低於琺瑯質的象牙質組成，因此進食的時候，切齒會不斷磨損，這也是為什麼切齒能一直保持適當的長度以及銳利度的原因。

◆臼齒的功能與構造

兔子共有22顆臼齒，其中包含位於上顎左右兩側各3顆的前臼齒與後臼齒以及下顎左右兩側的2顆前臼齒與3顆後臼齒。

臼齒的用途在於碾爛食物，所以咬合面（上下牙齒咬合的面）的面積較大，而且是由較軟的齒堊質、象牙質與堅硬的琺瑯質組成，這些牙齒在碾爛食物時會跟著磨損。

以臼齒碾爛食物的時候，兔子會讓下顎往左右兩側移動，藉此咀嚼食物，有資料指出，下顎在1分鐘之內會左右移動120次。

由於下顎臼齒的咬合面較小，所以下顎必須不斷地左右移動，才能與上顎臼齒的咬合面一同發揮作用。要讓臼齒正常發揮功能，就必須餵兔子高纖食物。

※1咬耗：牙齒與牙齒在咀嚼之際接觸，進而互相磨損的意思。

※2磨耗：牙齒與牙齒互相接觸以外的損耗。

下顎臼齒的咬合面　上顎臼齒的咬合面

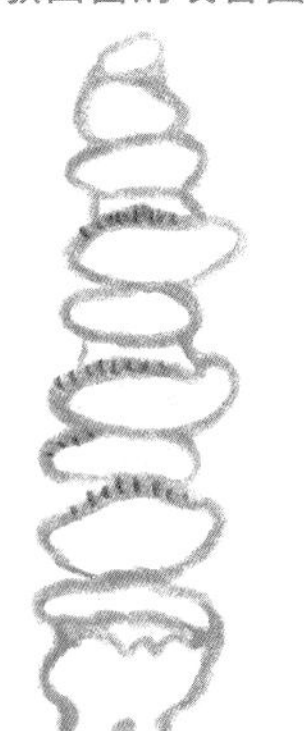

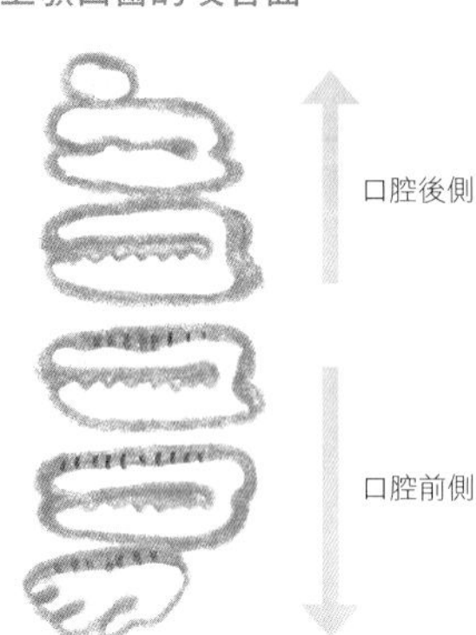

臼齒在進食之際的運動方式

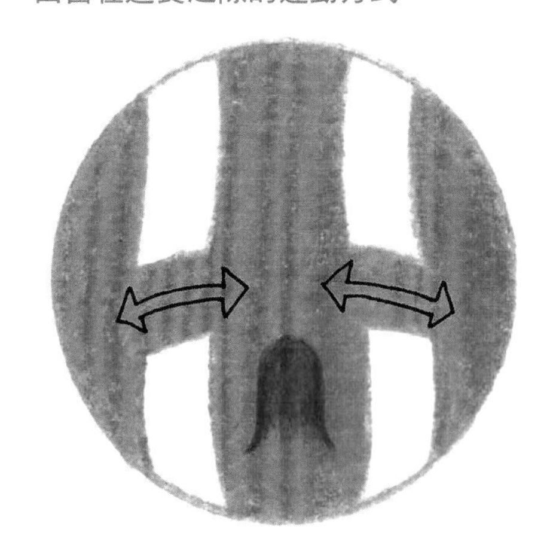

攝取高纖食物時：兔子攝取高纖食物時，下顎臼齒會往左右兩側大幅度移動，上下臼齒的齒冠才會因此均勻磨損。

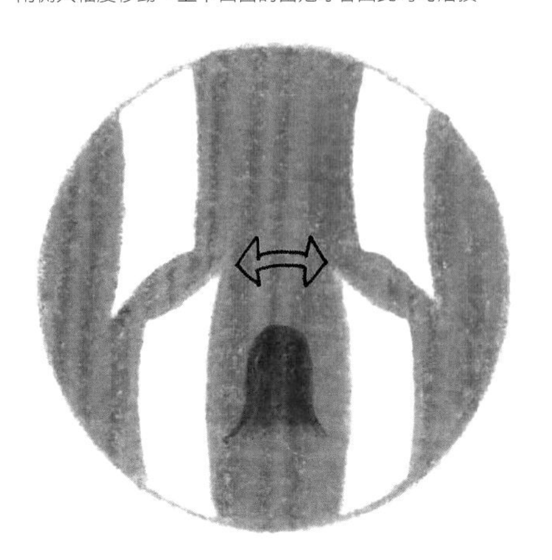

攝取低纖食物時：臼齒不用大幅度左右移動也能攝取，所以下顎臼齒的移動範圍變窄，上下顎的臼齒也無法完全咬合，如此一來，上下顎的臼齒都會變尖，上顎的臼齒會往臉頰的方向刺去，下顎的臼齒則會刺往舌頭。

兔子的咬合

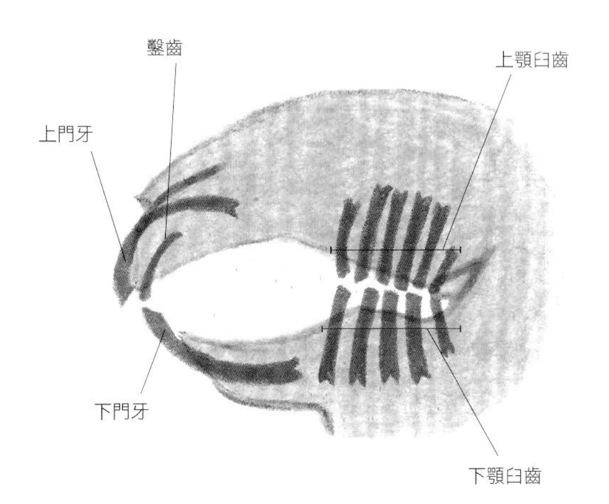

兔子的上下臼齒若是正常咬合，下顎的切齒應該會位於前後的切齒之間。

消化道的特徵

草食動物的兔子擁有很長的消化道，一般認為，消化道的比例約為體重的10～20%。兔子的消化道具有從高纖食物攝取營養的特殊構造。

◆嘴巴是食物的入口

以切齒咬成小段的食物在進入口腔後側後，會由臼齒碾成食塊（塊狀食物），然後與唾液充分混合，再從食道進入胃部。

◆胃部是貯藏器官，可促進消化

胃部會分泌水分與胃液，促進食物消化。兔子的胃很大，約占消化道整體的34%容量，胃部也有將儲存物逐步送往小腸的貯藏功能。

同為草食性動物的牛有很多個胃，但兔子與人類一樣，都只有一個胃（單胃）。胃的入口稱為「賁門」，出口稱為「幽門」。由於兔子的胃部長得很像一個很深的口袋，賁門又非常發達，所以一般認為兔子無法嘔吐。

由於胃部環境的pH值為1～2的強酸性，所以具病原性的微生物會先在此被剿滅，食物才會送入小腸。

兔子的胃部不會變空，隨時都有塊狀食物以及自己的體毛，只要消化道正常運作，有體毛也不會出現任何問題。

◆透過小腸吸收、消化大部分的營養

塊狀食物進入小腸（十二指揚、空腸、迴腸）之後，會被膽汁、消化酵素消化與吸收。除了纖維之外，大部分的營養素都在此被吸收。

◆剩下的纖維往大腸移動

未於小腸消化與吸收的成分（主要是纖維）會往大腸（盲腸、結腸、直腸）移動。

此時這些纖維會在大腸入口分成「粗纖維」與「細纖維形成的粒子與液體」，粗纖維會在通過結腸與直腸之後形成糞便，再從肛門排出。這種常見的圓形糞便就稱為「硬便」。

雖無法從粗纖維攝取營養，但這些粗纖維能刺激腸道，促進消化道蠕動，發揮非常重要的效果。

兔子有時會吃這類硬便。

◆大盲腸會製造盲腸便

兔子或是某些動物的消化道沒有分解植物細胞膜（壁）的酵素，而兔子是於盲腸分解植物的細胞膜。

兔子的盲腸非常大，約占消化道的49%容量。

在大腸入口分解出來的細小粒子與液體會進入盲腸，接著由棲息在盲腸的微生物，也就是由細菌分解與發酵成寡醣以及植物細胞壁成分的纖維素，之後便會產生蛋白質、維生素B群（尤其是B12）與維生素K，其中的發酵作用還會另外產生揮發性脂肪酸，經由盲腸吸收後，轉化成兔子所需的熱量。

經由微生物發酵作用產生豐富營養的盲腸儲存物會從盲腸運往結腸、直腸，最後再從肛門排出。這就是所謂的盲腸便，外形看起來像是一小串的葡萄，每顆大小約2～3公分，表面覆有一層黏膜，散發著獨特的氣味。

兔子會將嘴巴貼在肛門上，吃掉排出的盲腸便，藉此攝取營養。盲腸便在直腸的運動方式與氣味與硬便不同，所以兔子會知道自己準備排出盲腸便。

硬便與盲腸便的營養差異

成分	硬便	盲腸便
粗蛋白質（g／乾物kg）	170	300
粗纖維（g／乾物kg）	300	180
維生素B群（mg／kg）		
菸鹼酸（維生素B_3）	40	139
B_2	9	30
泛酸	8	52
氰鈷胺（B_{12}）	1	3

（節錄自《Nutrition of the rabbit》（部分修訂））

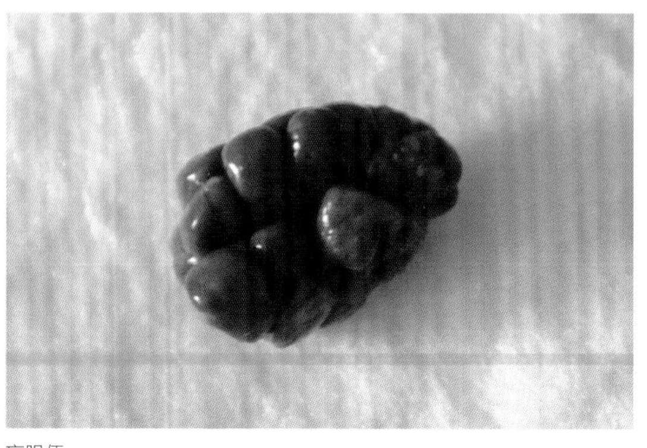
盲腸便。

兔子的消化道

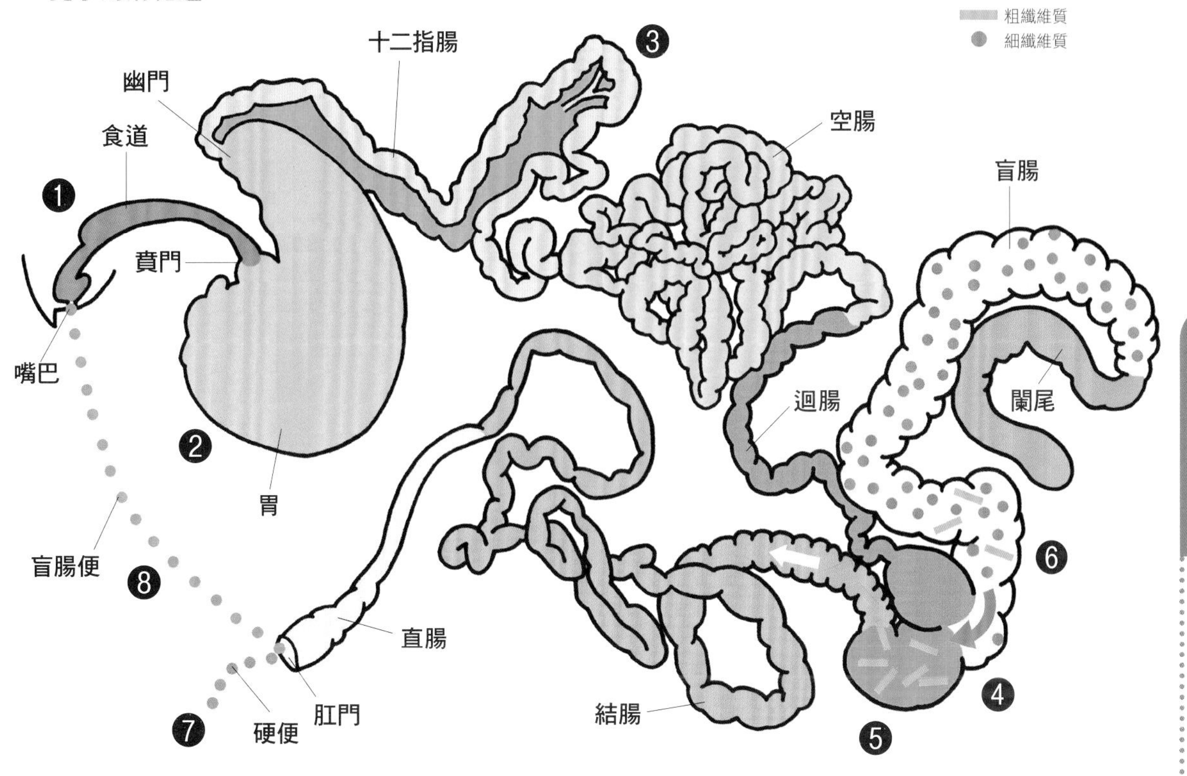

❶食物被切齒咬成小段，再被臼齒碾爛，然後與唾液混合。

❷經過咀嚼的塊狀食物在胃部與胃液混合。胃部環境為強酸性。

❸塊狀食物進入小腸（十二指腸、空腸、迴腸）之後，除纖維質，其餘營養都在此消化與吸收。

❹塊狀食物在大腸入口被分解成「粗纖維質」與「細纖維質與液體」。

❺「粗纖維質」進入結腸。

❻「細纖維質與液體」進入盲腸，形成盲腸便。

❼「粗纖維質」從結腸進入直腸後，形成硬便（常見的小顆粒糞便）再排出。

❽盲腸便會在經過大腸後，從肛門排出。兔子會將嘴巴貼在肛門，直接吃掉排出來的盲腸便。從進食到排出盲腸便大概需時3～8小時。

消化從嘴巴開始喲。

排泄物與健康

◆兔子與大便

排泄物是觀察兔子健康狀況的指標之一。兔子若是健康，糞便的形狀會是圓滾滾的，顏色則通常是咖啡色，不過有時會因食物而呈現接近綠色的淡褐色或黑色。

兔子的糞便有時會硬到必須用力壓才壓得散的程度，偶爾也會看到細纖維的殘渣或兔毛，但是這都不用太過擔心。這類糞便大多沒什麼味道。

一般認為，糞便的直徑從0.7～0.8公分到1公分左右，一天大約會排出5～18公克（以體重1kg的兔子為例），但大小與分量還是有個別差異。飼主可在平常觀察糞便的大小與分量，並且注意糞便是否變小或變少。

◆兔子與尿液

兔子若是健康，尿液應該呈現白濁色，但有時會因攝取的食物而出現白色或偏黃、偏橙、偏紅的顏色。

兔子每日平均排尿量約為130mℓ／kg，如果餵牠們吃很多水分豐富的蔬菜或是讓牠們多喝點水，排尿量就會增加。

哺乳類若是攝取過多的鈣，這些鈣通常會與糞便一同排出，但是兔子的情況很特殊，過多的鈣是與尿液一併排出，所以尿液才會呈現白濁色。

糞便的形狀與健康狀態

正常糞便
圓滾滾的顆粒狀。大小幾乎一致。

連在一起的糞便
因為兔毛而連在一起的糞便。消化道會有兔毛是很正常的，但是會隨著糞便排出，代表兔子吃進太多體毛。

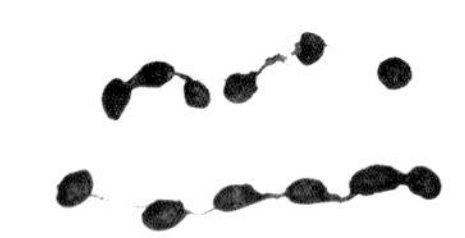

扭曲的糞便、大小不一的糞便
健康兔子的糞便會呈圓球狀，且大小均等，但是當糞便呈現水滴狀，大小又不一致時，很可能消化道出了問題。只排出小顆糞便也可能有問題。

盲腸便
像一串葡萄的糞便。兔子會直接吃掉從肛門排出的盲腸便，所以通常看不到。如果兔子沒吃掉，很可能健康出了問題。

軟便
看得出形狀，但是水分偏多，硬度偏軟的糞便。若是正常的糞便，兔子踩到也踩不散，但是這種軟便的話，不僅會沾在兔子的腳底與屁股，還會發出惡臭。

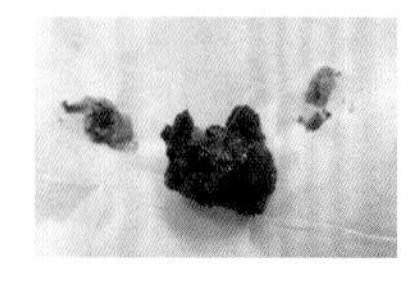

水便
假設兔子排出看不出形狀的水便，代表健康出現問題，若是小兔子，甚至有可能危及性命。

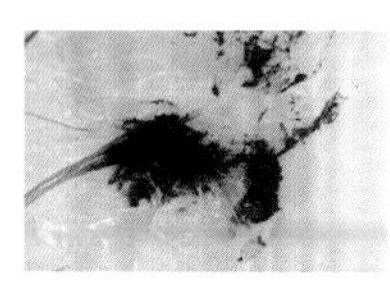

尿液顏色與健康狀態

正常尿液
混濁不透明的尿液是正常的。

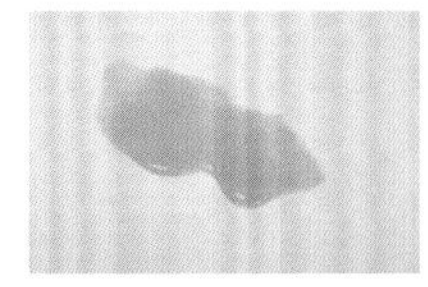

偏紅的尿液
有時候尿液會因攝取的食物變成偏紅的顏色，但這都還算是正常，只是血尿也是偏紅色的顏色，所以還是建議帶去動物醫院接受檢查。

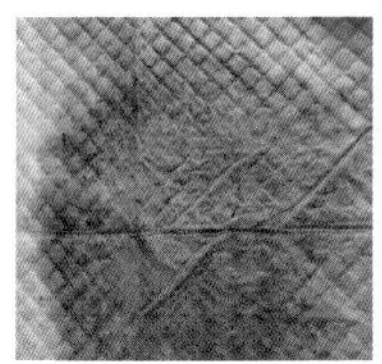

血尿
尿液變成紅色的血尿。有時候，血液會與尿液混在一起。

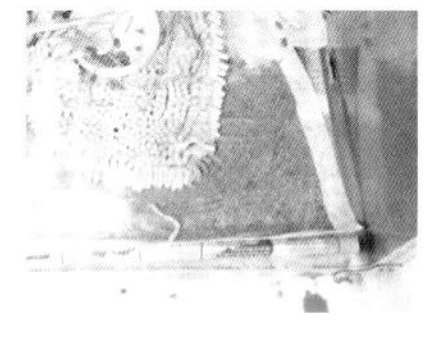

與尿砂混在一起的血尿
砂狀礦物質居多的血尿，通常會比混入鮮血的血尿更加混濁。

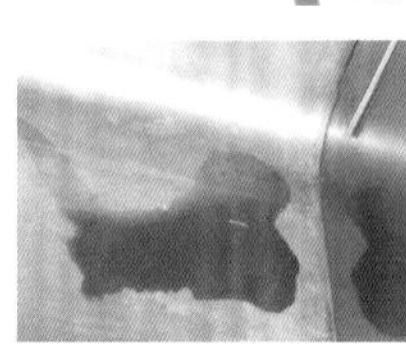

黏稠的尿液
外觀看起來很像是泥水，鈣質含量過高的尿液，這代表兔子的健康出了狀況。

過於清澈的尿液
成年兔子的尿液若呈透明的顏色，代表健康出現問題。

※如果發現排泄物有異常，請參考130頁的因應方式。

照片提供（軟便、水便、血尿、與尿砂混在一起的血尿）：三輪恭嗣（miwa exotic動物醫院）

兔子對食物的感覺

◆味覺

兔子擁有非常纖細敏感的味覺，主要是透過舌頭表面微型突起構造的「味蕾」感受食物的味道。一般認為，兔子擁有17,000個以上的味蕾，這個數量約是人類的一倍左右。

◆嗅覺

嗅覺是進食所需的重要感官之一。餵兔子吃新的食物時，兔子通常會先聞聞看有沒有怪味道，沒有怪味道才會開始吃，這模樣想必大家都看過吧。兔子嗅覺非常優異，據說用於感受氣味的細胞（嗅覺細胞）超過1億個（人類才1000萬個）。

愛吃綠色的葉子！

兔子的味覺與嗅覺都比人類優異。

◆觸覺

兔子的鬍鬚是主司觸覺的感官，嘴唇附近的觸毛也會用來判斷物品是否為食物。兔子的視野非常廣，甚至可看到接近正後方的物品，但是看不到嘴巴前面的東西，所以得透過嘴唇偵測。

兔子的視野

由於眼睛長在臉部的側面，所以視野非常地廣，唯獨正後方看不到。

COLUMN

兔子的色覺

我們在吃東西的時候，通常會先以「眼睛判斷味道」，那兔子是怎麼判斷的呢？其實兔子是二色性色盲，眼裡的世界只有藍色與綠色，所以將綠色的葉菜類蔬菜以及鮮橘色的胡蘿蔔放在牠們面前，牠們也看不出顏色的差異。

兔子眼中的蔬菜顏色。

4. 營養素的作用

營養與營養素

不管是兔子還是人類，都是從食物攝取營養，維持生理機能。所謂攝取「營養」就是攝取食物，食物經過消化、吸收、代謝這些作用之後，會再經過分解與合成，轉換成供給體內使用的型態，然後進一步轉換成能量或身體組織。

此時攝取的成分稱為「營養素」。

營養素主要具有「轉換成熱量」、「建構身體組織」與「調整生理機能」這三個重要的作用。

◆何謂熱量

營養素的一大作用就是「成為熱量來源」。熱量通常是「活力」的代名詞，但其實熱量就是維持生理活動所需的能量，舉凡心臟跳動這類內臟機能、消化、吸收食物、吸收、體內血液循環、體內平衡機能（維持恆定性的機能）※、神經傳導，這類維持生命的生理活動都需要熱量才得以進行，假設熱量不足，身體就會燃燒體脂肪，如果還是不足，就會燃燒組成身體組織的蛋白質。

熱量分成靜止不動也會消耗的基礎代謝熱量，與活動消耗的活動熱量。

卡路里（cal）則是説明食物含有多少熱量的單位。

※體內平衡機能：即使受到外界影響，也能保持生理穩定的機能。

<營養素的種類>

三大營養素：蛋白質、碳水化合物、脂質
五大營養素：三大營養素與維生素、礦物質
六大營養素：五大營養素與水或是膳食纖維

<營養素的作用與種類>

熱量來源：蛋白質、碳水化合物、脂質
組成身體組織：蛋白質、脂質、礦物質
調整生理機能：蛋白質、脂質、維生素、礦物質

五大營養素的作用

◆蛋白質

蛋白質是動物身體主成分的營養素，最小的單位是胺基酸，從食物攝取的蛋白質會先分解成胺基酸，被身體吸收後，運到身體的每個組織，再合成為蛋白質。

胺基酸的種類非常多種，無法在體內合成或是合成不足的胺基酸稱為「必需胺基酸」，這類胺基酸都必須從食物攝取，而且不同的動物需要的必需胺基酸也不同。

我們常用桶子比喻必需胺基酸的必要量，意思是眼前有一個桶子，組成這個桶子的木板數量等同於必需胺基酸的種類。假設往這個桶子倒水，若是其中有幾塊木板的高度較低，那麼就算其他幾塊的木板較高，也無法貯存高度超過矮木板的水量。換言之，只要有某些必需胺基酸的攝取量不足，其他的必需胺基酸一定也會跟著攝取不足。

◆蛋白質的作用

- 組成身體組織（內臟、肌肉、骨頭、皮膚、毛髮、指甲、血液以及所有組織的材料）
- 調節生理機能（消化酵素這類酵素、免疫物質、生長激素、胰島素、血清素、多巴胺這類激素與神經傳導物質）
- 熱量來源（1公克約可轉換成4kcal的熱量）

◆蛋白質的缺乏與過量

缺乏：成長緩慢、瘦弱、體毛與皮膚的狀態不佳、腹中胎兒的成長遲緩、免疫力與體力下滑。

過量：過量的蛋白質會分解成尿素，隨著尿液排出，因此會對腎臟造成負擔。有時也會轉換成醣質或脂質，造成肥胖。

◆兔子與蛋白質

在兔子的各種食物之中，可作為蛋白質來源的食物包含牧草、單一飼料與盲腸便。如果吃太多高蛋白質的食物，腸道環境就會變差或是無法吃到盲腸便。有資料指出，兔子從盲腸便攝取的蛋白質約是蛋白質攝取總量的10～20%，所以必須讓兔子攝取適當的食物，維持良好的腸道環境。

兔子的必需胺基酸與相關的主要作用

精胺酸	與合成生長激素、體脂肪代謝有關。可促進反疫反應與強化肌肉。
甘胺酸	具有抗氧化作用，可幫助肝臟代謝乙醇、抗發炎、形成膠原蛋白。
組胺酸	與成長有關，輔助神經機能。
異亮胺酸	促進成長、輔助神經機能、擴張血管、強化肝臟機能與肌力。
亮胺酸	強化肝臟機能與肌力。
離胺酸	修復組織、促進成長、代謝葡萄醣、提升肝臟機能。
甲硫胺酸+胱胺酸	甲硫胺酸會被胱胺酸取代。
甲硫胺酸	降低血中組織胺濃度、改善憂鬱症。
胱胺酸	抗氧化作用、抑制酪胺酸酶的作用、富含於角蛋白。
苯丙胺酸+酪胺酸	酪胺酸會被苯丙胺酸部分取代。
苯丙胺酸	產生神經傳導物質、提高血壓、鎮痛、抗憂鬱。
酪胺酸	產生神經傳導物質、形成黑色素。
蘇胺酸	促進成長、預防脂肪肝。
色胺酸	產生神經傳導物質、穩定精神、鎮痛。
纈胺酸	促進成長、調整血中氮的平衡、提升肌肉、肝功能。

※必需胺基酸的名稱節錄自《Rabbit Medicine》

◆醣質

醣質與纖維質雖然合稱為碳水化合物，但兩者的作用卻大不相同，所以在此逐項說明。

醣質主要是提供熱量的營養素，進入體內之後，會先分解成最小單位的葡萄醣（血醣），運送至身體的每個角落轉換成熱量。這個最小單位的葡萄醣為單醣，兩個連在一起的單醣稱為雙糖類，很多個單醣連在一起就是多醣類。

我們常聽到「糖分」這個字眼，但其實這個字眼沒有明確的定義。單醣類、雙醣類、多醣類稱為「醣質」，而「醣質」的單醣類與雙醣類又被稱為「醣類」。單醣類與雙醣類雖然嘗得出甜味，但多醣類通常含有澱粉，所以並非所有的醣質都有「甜味」。

醣質的作用

・主要是提供熱量（1公克約可轉換成4kcal的熱量）

・貯藏熱量（以糖原的形式於肝臟或肌肉儲存）

・組成身體組織（葡萄醣是形成核酸、醣蛋白與醣脂質的原料）

醣質的缺乏與過量

缺乏：熱量不足會導致容易疲倦，也會迫使身體的蛋白質與體脂肪轉換成熱量，導致肌肉不足或免疫力下降的問題發生。

過度：導致體脂肪不斷囤積，造成肥胖。罹患糖尿病的風險也增高。

兔子與醣質

我們都知道，不可讓兔子吃太多與「甜味」聯想在一起的糖分，但營養素之一的醣質仍是兔子必需的營養素之一。兔子的主食為植物，而植物所含的單醣類主要是葡萄糖或果糖，提摩西這類牧草都有豐富的含量。有一點要特別注意的是，若讓幼兔攝取過多的澱粉質，有可能會害兔子罹患消化道疾病。

◆纖維質

碳水化合物之一的纖維質無法單憑動物本身的消化酵素分解，必須先由消化道的細菌分解與發酵，才能進一步消化的物質。

纖維質可依照是否溶於水，分成非水溶性與水溶性兩種，前者可促進腸道蠕動，縮短食物通過腸道的時間；後者會在吸收水分之後膨脹，抑制膽固醇吸收。

纖維素、半纖維素、木質素是植物細胞壁的主成分，動物沒有纖維素酶這種分解纖維素的必要酵素，所以無法消化纖維素，但可透過腸道細菌分解。

纖維質也得好好攝取喲！

醣質的種類

單醣類	葡萄糖		水果、穀類、根莖類蔬菜	醣類
	半乳糖		乳汁	
	果糖		水果、花蜜	
少醣類	雙醣類	乳糖	母乳、牛乳	
		蔗糖	砂糖	
		麥芽糖	麥芽糖	
	寡醣類		果寡糖之類的糖類	
多醣類	澱粉類		穀類、豆類、蕷薯類	
	糖原		動物的肝臟、肌肉	
	纖維素		膳食纖維	纖維質

纖維質的作用

・調整消化道環境（有助於刺激消化道作用、排出消化道有害物質）

纖維質的缺乏與過量

缺乏：腸道環境惡化、咀嚼次數變少。
過量：妨礙營養素吸收、消化不良。

兔子與纖維質

纖維質對兔子來說非常重要，因為要維持腸道環境與牙齒健康，或是利用盲腸的發酵機制製造蛋白質、維生素、熱量，都少不了纖維質。

尤其富含於牧草的低消化性纖維可促進腸道蠕動，還能促進兔子攝取盲腸便的食慾，必須多咀嚼才能消化的纖維質也能讓兔子打發時間。

至於纖維質的大小而言，有報告指出若攝取的纖維是會卡在1公釐篩孔的粗細，就很容易引發消化道問題，若能順利通過2〜7公釐的篩孔就相對安全。一般認為，進入盲腸的細小粒子約在0.3公釐。可見餵食纖維質較粗的食物，讓兔子利用臼齒咀嚼也是非常重要的。

◆脂質

不易溶於水，可溶於有機溶劑這類特殊溶液的物質稱為脂質。脂質是最能迅速轉換成熱量的來源。在十二指腸分解與吸收後，以各種型態輸送至全身。在脂肪組織吸收中性脂肪後再回到肝臟。脂質分成單純脂質、複合脂質與衍生脂質這些種類，中性脂肪屬於單純脂質，膽固醇則屬於衍生脂質。脂質的成分為脂肪酸，無法在體內合成或合成量不足的脂肪酸稱為「必需脂肪酸」，具有形成細胞膜、維護皮膚、體毛的健康、繁殖、免疫力、神經傳導相關的重要作用。

脂質的作用

・熱量來源：（1公克可轉換成9kcal，是蛋白質或碳水化合物的兩倍以上）
・組成身體組織（生物膜、大腦、神經組織）
・調整生理機能（生產免疫物質、血液的防禦功能、荷爾蒙分泌）
・供給必需脂肪酸（亞油酸、α-亞麻酸、花生四烯酸）
・其他（促進脂溶性維生素的使用、形成維持體溫的皮下脂肪）

纖維質的分類

非水溶性纖維	纖維素、半維素、木質素、幾丁質
水溶性纖維	果膠、海藻酸、葡甘露聚糖、瓜爾膠

脂肪酸的分類

脂肪酸
- 飽和脂肪酸
- 不飽和脂肪酸
  - 單元不飽和酸
  - 多元不飽和酸
    - ω-6系列、亞油酸、γ亞麻酸、花生四烯酸
    - ω-3系列、α亞麻酸、EPA、DHA

邊拖邊咬好開心！

好吃好吃……被發現了嗎!?

脂質的缺乏與過量

缺乏：熱量不足。癒合力下降、皮膚乾燥。

過量：肥胖、高血脂、脂肪肝。

兔子與脂質

透過盲腸的發酵作用轉換成兔子所需熱量的揮發性脂肪酸也是脂質的一種。

平常餵給兔子吃的食材就含有一定程度的脂質，單一飼料或是牧草與蔬菜也都含有脂質，來自植物的脂質若有2.5%，就能達到必需脂肪酸的需要量。

◆維生素

雖然維生素無法轉換成熱量，也無法形成身體組織，需要量也微乎其微，卻與體內代謝息息相關，是生理活動不可或缺的元素。維生素雖然可在體內合成，但光是這樣還不夠，還得透過食物攝取。最常聽到的就是天竺鼠無法於體內合成維生素C的例子。

維生素分成脂溶性與水溶性兩種，脂溶性維生素（維生素A、D、E、K）可溶於脂肪再代謝，通常會於肝臟或脂肪組織囤積，所以千萬別過度攝取。水溶性維生素（維生素B群與C）則會溶入體液再代謝。由於無法於體內囤積，所以過量攝取的部分會隨著尿液排出，也因此常有攝取不足的問題。

維生素的需求量會隨著不同的情況而上升，例如進食量減少，維生素的攝取量會跟著減少，頻尿的話，水溶性維生素也會跟著排出。

有些維生素因為具有抗氧化效果而備受注目，例如維生素E、C、β胡蘿蔔素（維生素A的前導物質）就有去除活性氧物質的效果。吸入體內的氧氣固然是維持生命所需的物質，卻也會害細胞氧化，能夠抑制氧化壓力，去除活性氧物質的效果就稱為抗氧化效果。

兔子與維生素

維生素A的前導物質（成為某個物質之前的物質）為β胡蘿蔔素，而β胡蘿蔔素富含於常餵給兔子吃的各種蔬菜。β胡蘿蔔素會在腸道黏膜轉換成維生素A，而維生素A很容易因為熱、溼度與光而氧化，所以要特別注意單一飼料的儲存方式。

維生素D與鈣、磷的代謝有關，一旦攝取不足，罹患佝僂病或軟骨病的風險相對增加，但兔子攝取不足，也能順利吸收鈣質與磷，所以反而要注意是否過度攝取維生素D。

就一般而言，維生素C是於肝臟合成，但有時候會因為壓力而無法順利合成，導致血液之中的維生素C濃度過低。

盲腸便含有維生素B群（菸鹼酸、泛酸、B_{12}）與維生素K。

隨時可以進食喲！

我嚼我嚼……被發現了嗎!?

維生素的種類與作用

	作用	缺乏	過量
脂溶性維生素			
維生素A	維持皮膚、骨骼正常發展、形成視蛋白、免疫作用	新生兒夭折率上升、骨頭變形、夜盲症、食慾不振	成長遲緩、食慾不振
維生素D	磷與鈣結合的必需物質、骨骼的形成、吸收與免疫功能	佝僂病、骨頭脱鈣	高血鈣症、鈣化
維生素E	繁殖不可或缺的物質、抗氧化效果	妊娠異常、繁殖障礙、肌於弱化、麻痺、免疫力下降	（幾乎無毒性）
維生素K	血液凝固不可或缺的物質	血液凝固時間拉長、皮膚、組織出血	（幾乎無毒性）
水溶性維生素			
維生素C	膠原蛋白合成、肌肉、皮膚強化、抗氧化效果	（天竺鼠這類無法合成維生素C的動物會出現敗血症）	（無毒性）
維生素B1（硫胺素）	代謝碳水化合物所需的物質、維持神經機能	食慾下滑、肌肉弱化、體重下降、多發性神經炎	血壓降低
維生素B2（核黃素）	胚胎發育、代謝胺基酸、促進成長	繁殖障礙、胎兒畸形、成長不良、運動機能障礙	（幾乎無毒性）
維生素B3（菸鹼酸）	輔助組織內部呼吸	皮膚發紅、口腔、消化道出現潰瘍、食慾不振、下痢	（幾乎無毒性）
泛酸（維生素B5）	形成輔酶成分、代謝脂質、碳水化合物、蛋白質、合成膽固醇	削瘦、脂肪肝、成長不良	（無毒性）
維生素B6（吡哆醇）	代謝與運輸脂質、合成不飽和脂肪酸	皮膚發紅、口腔、消化道出現潰瘍、食慾不振、下痢	（幾乎無毒性）
生物素（維生素B7）	與蛋白質轉換成碳水化合物有關的代謝	皮膚炎、步履蹣跚	（無毒性）
葉酸（維生素B9）	合成胺基酸或核酸、產生 DNA	食慾不振、體重下降、貧血	（無毒性）
維生素B12（鈷胺）	代謝丙酸（脂肪酸）與胺基酸所需的輔酶	成長停滯、貧血	（無毒性）

◆礦物質

若用顯微鏡觀察，會發現動物的身體是由「元素」組成，所謂的元素，就是所有物質最基本的成分。舉例來説，形成動物身體組織的脂質是由碳、氫、氧組成，動物的身體有95%是由碳、氫、氧、氮這四種元素組成，剩下的5%元素則是所謂的礦物質（無機物質）。

寵物食品包裝上的「灰分」是礦物質含量的標示。

礦物質與維生素都無法轉換成熱量，卻能轉換成身體組織的一部分，還能形成酵素與生理活性物質，幫助身體正常運作，也有調節浸透壓以及其他的效果。

身體裡面有許多形成骨骼或牙齒的鈣，而這種體內含量較高的礦物質稱為主要礦物質（包含鈣、磷、鉀、鈉、氯、硫黃、鎂），含量微乎其微的礦物質則稱為微量礦物質（例如鐵、鋅、銅、鉬、硒、碘、錳、鈷、鉻）。

有些礦物質會與其他成分產生相互作用，有的則會被其他成分干擾或促進吸收。舉例來説，維生素C可促進鐵的吸收，草酸會妨礙礦物質的吸收。由此可知，礦物質必須均匀吸收。一般認為，鈣與磷的比率最好介於1～2：1，鈣與鎂的比率則最好介於2：1。

吃點心囉！

兔子與礦物質

兔子在鈣的代謝這一環非常特別，大部分的動物都需要維生素D才能順利吸收鈣，但兔子不需要維生素D就能順利吸收鈣，而且過度吸收的鈣會隨著尿液排出，這也是兔子的一大特徵。

此外，目前已知富含於菠菜、酸模這類野草與羊蹄草的草酸會阻礙鈣質的吸收。

好好吃飯是維持健康與美貌的祕訣！

主要礦物質的種類與作用

	作用	缺乏	過量
主要礦物質			
鈣	骨骼的形成、成長、血液凝固、肌肉作用、神經傳導	抑制成長、食慾不振、下半身麻痺	食餌效率與攝食量下降
磷	形成骨骼、牙齒、體液、肌肉，代謝脂質、碳水化合物、蛋白質	與鈣一樣，會出現繁殖能力下滑的問題	骨質流失、結石、體重難以增加
鉀	形成細胞、維持血壓、肌肉收縮、神經傳導	食慾不振、抑制成長、下痢、腹部膨脹	（罕見）
鎂	與鈣、磷一樣，都是酵素的成分，負責代謝碳水化合物與脂質	心臟機能異常、腎病變、情緒浮躁、肌肉弱化、食慾不振	尿石、肌肉鬆弛性麻痺
鈉	形成與維持體液、神經傳導、營養攝取、排出老舊廢物	水分調整異常、一般狀態的惡化、抑制成長、食慾下滑	（只要攝取水分就不太會發生）
微量礦物質			
鋅	形成與活化酵素、皮膚與傷口的復原、免疫反應	抑制成長、食慾不振、毛髮發育不全	（罕見）
錳	形成骨骼、形成與活化酵素、代謝脂質與碳水化合物	成長異常、排卵異常、新生兒與胎兒異常或死亡、精巢萎縮	（罕見）
鐵	形成血紅蛋白與酵素	營養性貧血、體毛發育異常、抑制成長	食慾不振、體重減少
碘	合成甲狀腺素、促進成長、發育與組織再造	營養素甲狀腺腫大、體毛發育異常	與缺乏時相同，會出現食慾不振的現象
銅	酵素成分、合成血紅蛋白的觸媒	貧血、抑制成長、體毛色素不足	肝炎、肝臟酵素的活性強化
硒	形成酵素的成分、強化免疫功能	肌肉萎縮症、繁殖障礙	痙攣、頭暈、流口水
硼	副甲狀腺素的調整、代謝鈣或磷	抑制成長	與缺乏時的問題一樣
鉻	強化胰島素作用	耐糖功能低下	皮膚炎、過度換氣

5. 消化吸收的機制

到食物被身體完全吸收為止

食物雖然有很多營養，但這些營養沒辦法直接在體內發揮作用，所以像是蛋白質，就必須先經過消化，才能分解成身體能吸收的胺基酸。

食物會因消化道的消化、吸收、代謝作用轉換成營養。分泌消化酵素的膽囊、胰臟也會協助消化與吸收食物。

1.消化

嘴巴

口中的食物在咬碎後，會與唾液充分混合（咀嚼）。唾液具有澱粉質消化酵素的澱粉酶，可促進澱粉質的消化。與唾液充分混合的食物會從食道進入胃部。

胃部

胃部會分泌胃液，而胃液含有蛋白質消化酵素的胃蛋白酶，所以可分解蛋白質。此外，胃部還會分泌酸度極高的胃酸，具有替食物殺菌的效果。

十二指腸

在消化道之中，消化與吸收作用最為旺盛的就是小腸，而食物在這裡最先經過的位置就是小腸之中的十二指腸。胰臟的胰液（含有消化碳水化合物的消化酵素澱粉酶、脂肪消化酵素的脂肪酶、蛋白質消化酵素的胰蛋白酶）以及膽囊分泌的膽汁（幫助脂肪消化）都會幫助食物消化。

2.吸收

食物在胃部與十二指腸消化，變成營養素之後，這些營養素主要是由空腸、迴腸吸收。

小腸的內側有許多突起物（絨毛），絨毛的表面則有許多突起的微絨毛，營養素就是由微絨毛表面的刷狀緣吸收。這裡也有許多種消化酵素，可將營養素分解成最小單位再由身體吸收。

3.代謝

小腸吸收的營養素會經由血管或淋巴管與血管集中送往肝臟。於肝臟儲存的營養素會透過代謝作用發揮作用，有些營養素會成為熱量來源或是身體組織，有的則用來調節生理機能。

吸收的機制

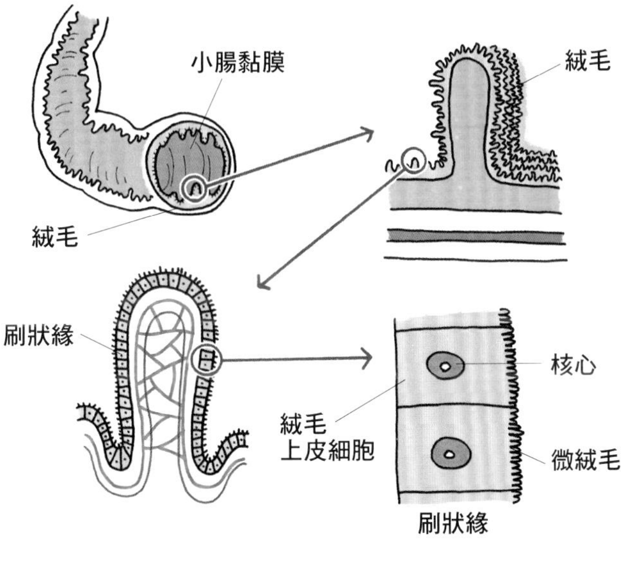

分解後的營養素會從小腸內側的表面被身體吸收。

6. 兔子的營養需求量

兔子所需的營養價

若問兔子所需的營養素到底該給多少量才適當，目前沒有資料上的「正確解答」，但目前已有寵物所需的營養價指南發布。例如「NRC規範」或是「AAFCO規範」就是其中一種。這兩種飼料規範分別由美國的National Research Council（美國國家科學研究委員會）、American Association of Feed Control Officials（美國飼料品管協會）發表，也在日本成為廣泛參考的規範。不過，這種規範的對象為貓狗的飼料，兔子的飼料規範在1977年「NRC規範」發表後至今仍未建立。這個規範規定兔子的必需營養價為粗蛋白12%、粗纖維14%、脂肪2%，但這些數值充其量只適用於以單一飼料以及水飼養兔子的情況。此外，2004年也有另行發表的營養需求量資料。（參考157頁）

目前被推廣的建議數值為「粗蛋白質13%、總纖維量20～25%、粗脂肪5%」，另外還有「粗蛋白質12%、粗纖維20～25%、脂肪2%左右」、「粗纖維18%以上、低消化性纖維12.5%、粗蛋白12～16%、脂肪1～4%」的建議數值。

兔子所需的卡路里

目前已知的是，兔子每天必需熱量可由「體重的0.75平方×100」(kcal)」算出，發育期所需的熱量為2倍，哺乳期則增至3倍。

不過這項資料只適用於不需延長生命周期，被視為經濟動物的兔子，因此實際所需的熱量還是會隨著年齡、活潑度、飼育環境與身體狀況不同。此外，若是只餵兔子吃單一飼料，可根據包裝標示與餵食量算出卡路里，但寵物兔需要隨時吃得到牧草，也需要餵蔬菜，所以要實際算出兔子攝取的熱量非常困難。把必需熱量的數值當成參考即可。

參考：每日所需平均熱量（kcal）

體重（kg）	維持期	發育期	懷孕初期	懷孕後期
1.4	129	258	174	258
1.6	142	284	192	284
1.8	156	312	211	312
2.0	168	336	227	336
2.5	199	398	269	398
3.0	228	456	308	456

每日必需熱量（kcal）計算方式

健康的成兔	$(體重kg)^{0.75}\times 100$
發育期	$(體重kg)^{0.75}\times 190\sim 210$
懷孕初期	$(體重kg)^{0.75}\times 135$
懷孕後期	$(體重kg)^{0.75}\times 200$
哺乳期	$(體重kg)^{0.75}\times 300$

節錄自《小動物的臨床營養學》

part
2

兔子與每天的飲食生活

基本上，每天餵給兔子吃的食物包含牧草、單一飼料、蔬菜、飲用水。這一節要帶大家了解這些食物的概要，也要告訴大家哪些是不可以餵給兔子吃的食物。只要能掌握兔子在飲食方面的習性，就能輕易察覺兔子的身體狀況是否出問題。

1. 經典的飲食內容與餵食方法

基本的飲食內容

◆重要的每日飲食

兔子的飲食不斷地隨著時代改變（參考146頁）。當我們愈了解兔子的飲食與需要的營養，兔子的飲食內容也將往好的方向改善。在此為大家介紹2019年成兔所需的基本飲食內容。

建議大家以這裡介紹的基本飲食內容為雛型，再根據兔子的個性、自己的想法以及獸醫師的建議設計「我家兔子的飲食菜單」。

每天進食的內容對兔子會造成很明顯的影響，所以請讓兔子擁有良好的飲食習慣。

◆牧草 兔子的主食

兔子最重要的主食就是牧草，為了讓牠們的牙齒與消化道保持健康，就必須重視「環境豐富化」這個概念，也就是讓牠們多花一點時間進食。最基本也最適合成兔吃的是禾本科的提摩西牧草，其中又以一割的種類最佳。

【量】

禾本料的牧草不需限制餵食量，建議隨時在籠子裡準備，而且就算舊的還沒吃完，也可以補充新的牧草，因為有時候兔子會在看到新的牧草時多吃一點。

◆單一飼料 補充營養的必需品

單一飼料可補充牧草缺乏的營養，對兔子來說，也是營養均衡的必需品。

【量】

以成兔而言，目前的建議餵食量為體重的1.5%，但一開始可先依照建議量餵食，後續再視情況慢慢調整餵食量。

※詳情請參考48～55頁。

◆蔬菜類 種類盡可能豐富

野生兔子常吃的植物很複雜，所以為了增加家兔飲食的豐富性，建議大家儘可能餵食一整年買得到的各種蔬菜，每天為兔子挑選三～四種蔬菜，讓兔子吃得均衡一點。食用香草或野草也是不錯的選擇。

【量】

基本上是一杯的量，但記得先切成方便進食的大小（以體重1公斤的成兔為標準）。

※詳情請參考56～66頁。

兔子的基本飲食菜色

右圖是兔子的每日飲食範例。體重1.4公斤的兔子約需要21公克的單一飼料（體重的1.5%），牧草的分量則不限制，另外還要餵食蔬菜或是蘋果這類點心，也要在飲水器準備乾淨的水。

◆點心 與兔子溝通的道具

若只是為了照顧兔子的健康，餵食牧草、單一飼料以及蔬菜就已經足夠，但建議大家另外準備點心，才能享受與兔子一起玩耍的快樂時光。

【量】

點心的種類有很多，但基本上都只餵食一點點。

※詳情請參考95～98頁。

◆水 讓兔子隨時喝得到水

請隨時準備乾淨的水，通常會以飲水器提供。

【量】

如果餵食的蔬菜含有大量水分，兔子就不會太常喝水，但還是要讓牠們隨時都能喝得到水。

※詳情請參考77～80頁。

基本的餵食方法

◆餵食的時段與次數

基本上是配合兔子的活動時間，在早上或傍晚～晚上各餵一次。

建議在固定的時段餵食，因為動物都有「預知攝食的反應」，在固定時段餵食，能讓兔子的生理時鐘在進食的時候分泌大量的消化酵素。

比起早上，消化道的作用在晚上更為活潑，所以在晚上餵食的時候，可稍微多餵一點。

<餵食範例>

◎早晨

單一飼料為一整天的四成量

準備新的牧草

準備新的飲用水

◎中午

補充不足的牧草

◎晚上

單一飼料為一整天的六成量

蔬菜

準備新的牧草

飲用水若喝完了，必須補充新的飲用水

◆確認進食內容與健康

請每天觀察兔子的健康狀況，藉此判斷餵食的內容是否適當。

近年最常見的就是減少單一飼料的分量，害兔子變得很瘦弱的例子。建議大家視情況調整單一飼料的分量，讓兔子擁有健康結實的肌肉。

糞便若是變得太小，很有可能是牧草吃得不夠，此時不妨帶兔子去動物醫院檢查，或是多花點心思，讓兔子攝取多一點的牧草。

開心地一起吃當令美食♡

飲食均衡指南

兔子

健康的人類

飲食均衡指南（右側）是健康人類最理想的進食組合與分量。這類指南通常會畫成陀螺狀，由上而下依序為主食、副菜、主菜、乳製品與水果，軸心則是水。

本書也試著替兔子畫了一樣的飲食均衡指南（左側）。其中需求量最高的是牧草，其次是單一飼料與蔬菜，點心則只有一點點。若是所有的食材都能均衡攝取，這個陀螺就能順利轉動。讓我們一起替兔子準備均衡的食物吧。

2. 不可以餵兔子吃的食物

不可餵食的食物

有些人類常吃的食物會害兔子中毒，除了不能餵給兔子吃之外，也要記得收好，不能隨便放在客廳或廚房裡，否則兔子很可能會不小心吃到。接著讓我們一起了解在常見的食物之中，哪些是不能餵兔子吃的食物吧。

如果人類或是貓狗吃到有毒的食物，可以利用「催吐」的方式處理，但兔子是很難催吐的。我們當然不會故意餵兔子吃有毒的食物，但也要為兔子準備吃不到這類食物的環境。

◆具有毒性的食物

巧克力

巧克力的原料為可可，而可可所含的可可鹼有時會具有毒性。中毒的症狀包含興奮、嘔吐（狗狗才有的情況）、下痢、昏睡，可可純度愈高的巧克力，可可鹼的含量也愈高。

馬鈴薯（芽、綠皮）

馬鈴薯芽或是受光變綠的皮都含有茄鹼與卡茄鹼這類有毒物質，中毒症狀為想吐、腹痛、下痢、頭痛，嚴重的話，會出現神經方面的症狀。

蔥類

蔥、洋蔥、大蒜、韭菜這類蔥科蔬菜含有有機硫化合物，而這種物質會導致中毒。中毒症狀包含紅血球被破壞的貧血症狀與下痢。

酪梨

果實、樹皮、葉子、種子的酪梨素會導致中毒。中毒症狀包含呼吸困難、消化道症狀，兔子有可能會因此窒息死亡或是罹患乳腺炎。

生豆

菜豆或其他生豆含有紅血球凝集素（lectin）這種蛋白質，有時會害兔子中毒，中毒症狀為想吐、下痢這類消化道症狀。生黃豆含有妨礙消化酵素胰蛋白酶發揮作用的成分，會讓兔子出現消化不良的症狀。

薔薇科的水果種子

未成熟的薔薇科櫻桃屬水果（櫻桃、枇杷、桃子、杏桃、梅子、李子、非食用杏仁）或種子含有苦杏仁苷（氰化物），有可能會使兔子中毒，中毒症狀為噁心、嘔吐、肝障礙與神經障礙。

黃麴毒素（黴菌毒素）

來自堅果類、穀類的黴菌之中，有些會產生劇毒的黃麴毒素，目前已知是強烈的致癌物質。

◆不應該餵食的食物

人類的食物（甜點、熟食、飲料）

蛋糕、餅乾、洋芋片這類點心或是熟食、加糖優酪、果汁、咖啡、酒，都不該餵兔子吃，因為這些食物的糖分、脂肪、鹽分都太多，咖啡因或酒精也有可能導致兔子中毒。

不能餵牛奶是因為兔子無法分解乳糖，會因此拉肚子。如果要餵幼兔喝奶，請務必選用寵物專用的種類。

餵兔兔吃可以放心吃的蔬菜吧！

就算沒有故意餵兔子吃這些食物，能輕易爬上餐桌的兔子還是有可能不小心吃到。

容易腐敗的食物

請不要餵兔子吃容易腐敗或是發黴的食物。如果餵的是新鮮蔬菜或水果，建議早點處理沒吃完的部分。

太燙或太冰的食物

利用熱水製作流質食物或是餵兔子吃冷凍的食物時，請盡量調整成適溫，別讓食物太燙或太冰。

COLUMN

兔子可以吃葡萄嗎？

大家都知道狗狗吃了葡萄會中毒，如果餵狗狗吃葡萄、葡萄皮或葡萄乾，會害狗狗出現急性腎衰竭，嘔吐、下痢以及無法排尿的症狀。目前還不知道狗狗為什麼會因為這樣中毒，而且連貓咪也有可能出現類似的中毒症狀。

那麼兔子可以吃葡萄嗎？葡萄乾是市售的點心，在過去也常餵給齧齒類的栗鼠吃，目前也沒出現過中毒的案例，只是糖質含量較高的葡萄乾常害栗鼠吃得肥嘟嘟而已。

就現階段而言，不可以餵太多糖質含量較高的葡萄，如果兔子在吃了葡萄之後出現身體不適的症狀，請快點帶去醫院，也要記得跟醫師說「剛剛餵了葡萄」，以利後續的診治。

COLUMN

判斷「可不可以餵食」的方法

蔬菜區總是有許多新蔬菜登場。雖然很多飼養兔子的書都介紹了「可以餵食」與「不可餵食」的蔬菜，但不可能每一樣蔬菜都介紹，例如羅馬花椰菜、青花筍這類新上市、相關資訊仍少的蔬菜。順帶一提，羅馬花椰菜是白花椰菜的一種，青花筍則是綠花椰菜的一種。

此外，還有一些是「附近的超市常見，但書上沒介紹」的地區性傳統蔬菜，例如廣島菜這種屬於白菜之一的廣島傳統蔬菜就是其中一例，壬生菜這種水菜也是京都傳統蔬菜之一。

接下來為大家介紹「不知道該不該餵食這種蔬菜」之際的判斷方法。

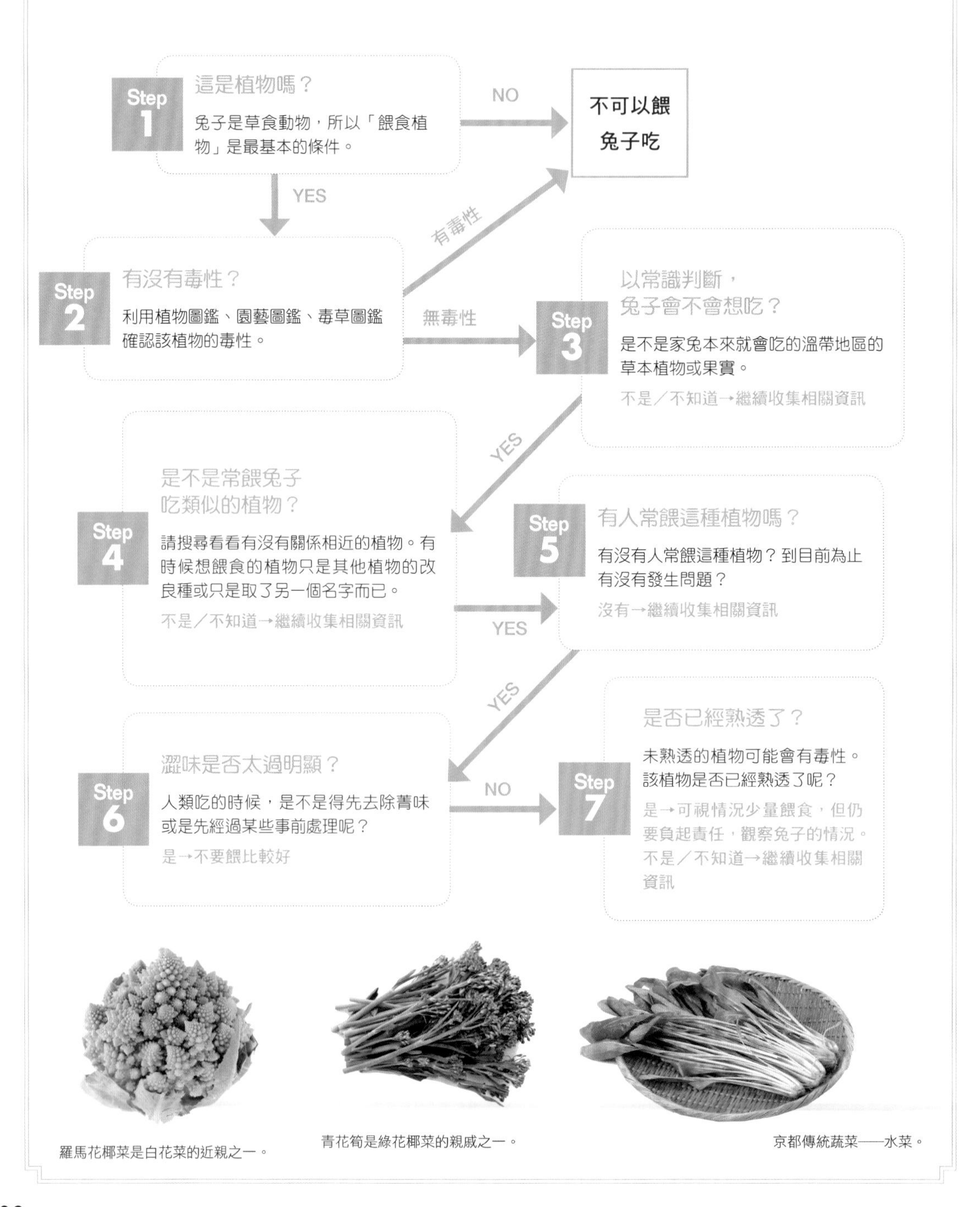

羅馬花椰菜是白花菜的近親之一。

青花筍是綠花椰菜的親戚之一。

京都傳統蔬菜——水菜。

3. 從每天進食情況蒐集資訊

進食方式與個性有關

每個人用餐的習慣都不一樣，有些人吃得很快，有些人則習慣慢慢吃，兔子也是一樣，所以若能先了解兔子進食的基本習性，就能在發現「兔子的進食方式很奇怪」的時候了解到這其實是「我家兔兔進食的習性」，也就用不著太杞人憂天。

◆先了解兔子愛吃什麼

讓我們先了解家裡的兔兔最愛吃什麼吧。知道牠們最愛吃的食物之後，就能在讓兔兔做了牠們很不愛的事情（例如剪指甲）之後，用這些食物讓牠們恢復好心情或是獎賞牠們。

此外，如果兔子沒生病，卻看起來食慾不振的話，也可以利用牠們最愛吃的食物激發食慾。

如果牠們最愛吃的食物剛好是利於保存的食物，請務必加進急難用品包（149頁），以備不時之需。

【注意】若是因為生病而食慾不振，請務必遵照獸醫師的醫囑照顧兔子。此外，如果連最愛吃的東西都不吃，有可能健康出了很大的問題，此時請立刻帶去給醫師診治。

◆了解進食習性

每隻兔子的進食習性都不同，有的會等到食物放進籠子裡才吃，有的則特別喜歡吃單一飼料，有的則是吃了一點後，先休息一下再繼續吃，有些兔子則是被人盯著看的時候不吃，或是用手親餵食物才大吃特吃。只要能先了解這類習性，就比較容易發覺「異常狀況」。

◆先行了解「吃了〇〇就會發生〇〇狀態」

即使餵的是同一種食物，每隻兔子的消化速度與代謝量都不同。「餵了〇〇，結果糞便變軟」、「盲腸便沒全部吃完」，如果發現某些食物會造成上述這類不容忽視的狀況，就不能再餵這類食物，請試著餵食其他食物。

餵很多蔬菜，結果喝的水變少，或餵了很多相對乾燥的食物，結果喝的水變多是常有的現象。

在安心的地方吃喜歡吃的東西。

每隻兔子的進食方式都不同。

◆如果發現異常，可先記錄下來

如果餵的是之前沒餵過的食物，例如沒餵過的蔬菜或是單一飼料的種類與之前的不同，不妨記錄一下兔子的狀態。

如果有同時記錄體重、排泄物狀況，有時能透過這些紀錄了解健康狀態與食物之間的相關性。

COLUMN

不可忽視與習性無關的「異常」

有些兔子看到食物不一定會立刻開始吃，但如果平常習慣立刻吃的兔子，某一天突然一反常態，這很可能是牙齒或消化道出了問題，而不是「習性改變了」。

此外，如果兔子出現下痢或流口水這類明顯的異常，請立刻帶去醫院接受診療。

COLUMN

進食的各種習性

◎看到食物就立刻吃到完
◎一點一點慢慢吃
◎悠哉悠哉地吃
◎大口大口吃
◎每次都從同一種食物開始吃
◎吃完單一飼料一定會喝水
◎飼主在旁邊，就無法安心地開始吃
◎放在餐盤裡不吃的食物，用手親餵就願意吃
◎換新的牧草後，只是一直拉著牧草玩
◎不吃從餐盤或牧草盒掉出來的食物
◎看到新食物會毫不猶豫地吃
◎不敢吃新的食物
◎白天比較有食慾

part
3

徹底研究兔子吃的食材

兔子常吃的牧草、單一飼料與蔬菜都有很多種類，而本章要為大家介紹這些食物的特徵、挑選方式與餵食方法，幫助大家為兔子設計有益健康的菜單。此外也要介紹每天都得喝的飲用水，以及該適時補充的營養補給品。

1. 牧草
兔子的主食

兔子的主食為什麼是牧草？

兔子的主食是牧草（乾牧草）。（本書將乾牧草直接稱為「牧草」）

野生兔子會以各種植物為食，若能餵家兔吃這些植物，當然是最理想的，但目前的情況是可以取得更多更好的食物。

從以前到現在都是草食性家畜主食的牧草，可說是最適合兔子這種草食性動物吃的食物，兔子除了可從牧草攝取蛋白質、維生素、礦物質，牧草豐富的纖維質也能幫助兔子不斷咀嚼，讓兔子的牙齒得到適當的磨損，也能維持兔子的腸道健康。

牧草全年都買得到，也利於保存，許多寵物專賣店或牧草專賣店也都有銷售各種不同的牧草。

◆基本是餵食提摩西與其他種類的牧草

市面上有許多不同的牧草，而其中最為基本的就是禾本科的提摩西。

除了寵物專賣店之外，在家庭生活百貨或藥局都可以買得到提摩西，算是很容易買得到的種類。

提摩西從過去到現在都被視為家畜吃的牧草，品質非常穩定，進口量與日本國內生產量都多，供貨也非常穩定，可說是具代表性的牧草之一。

除了大部分以提摩西為主食的兔子都沒有什麼健康問題之外，方便購買這點也是讓兔子習慣吃提摩西的理由之一。提摩西這種牧草可說是餵食兔子的最優先選擇。

不過，這不代表「非吃提摩西」這種牧草不可。如果兔子不愛吃提摩西，也可拿其他種類的牧草（禾本科）當主食，不同的牧草會有不同的營養價以及味道。從各種的牧草攝取營養也是不錯的選擇，所以在選擇餵食的牧草時，不妨以提摩西為主，並以其他幾種牧草為輔。

開心地吃很多牧草吧 !!

提摩西可說是最具代表性的牧草（一割）。

從牧草的收割到進入家庭

餵給兔子吃的牧草多數來自美國。接著讓我們看看牧草通常是怎麼從產地來到家裡的吧。

1.放在田裡乾燥

在前一年播種的提摩西會在經過冬天後，於隔年的春天～夏天收割。提摩西是多年生草本植物，所以只要播種一次，後續就能不斷收割。

收割的提摩西會堆成一堆堆，放在太陽底下曝曬一～兩週，期間必須不斷地翻面，徹底曬乾，假設這段期間下雨，品質就會下滑（在加拿大和日本，有時也會利用熱風機烘乾）。

2.整理

乾燥後的提摩西會整理成稱為「捆」的巨大塊狀，再於倉庫儲存。若是於戶外儲存，則會另外蓋上塑膠布防潮。

整理成巨大塊狀的提摩西稱為「單層乾草塊」（single bale），之後為了節省運輸成本，會再利用機器壓縮成「雙層乾草塊」（double bale）。

3.燻蒸

美國有一些日本沒有的害蟲，所以這些害蟲寄生的大麥屬、小麥屬、裸麥屬、膜緣披鹼草屬的植物的莖部或葉子都不准進入日本。由於混有這些植物莖部或葉子的牧草無法進入日本，所以必須先經過燻蒸這道消毒步驟，取得消毒證明書。一般認為，經過燻蒸消毒的牧草比較安全。

不過，若是沒有摻雜大麥屬、小麥屬、裸麥屬、膜緣披鹼草屬的植物莖部或葉子，就不需要經過燻蒸消毒。

此外，進口的牧草通常需要經過植物檢疫的步驟，從其他地區進口的牧草也必須經過檢疫。

4.出口～進口

裝櫃完成的牧草會被載往出口的港口，在海上航行三週後才會抵達日本。抵達日本後，必須先經過植物檢疫與報關這些步驟，若一切順利，日本的進口業者就能領取貨櫃裡的牧草，再賣給飼料業者。

5.進入家庭

銷售牧草的兔子飼料製造商或是寵物專賣店會將整塊購入的牧草包裝成適合銷售的尺寸。

＜若牧草混有異物＞

牧草本來就是在田裡種植的作物，所以混有非牧草的雜草，或是牧草表面的昆蟲也是常見的事，有時還會看到住在牧草田、不小心被機械捲入死亡的小動物屍體，或是未在燻蒸步驟死透而孵化的小蟲子。更糟的是，偶爾還會看到將牧草捆成一捆的塑膠繩。雖然生產過程都有檢查異物混入的步驟，但還是無法完全去除這類異物。

若有異物混入，有些製造商或寵物專賣店會允許退貨，所以若是情況嚴重，建議大家向這些店家反應。

圖中是收割後的提摩西，正放在一片翠綠的田裡曬乾（美國埃倫斯堡）。

整理成立方體，於田裡存放的牧草。之後會以這個形狀燻蒸再出口。

※照片提供：町田修

牧草的種類與特徵

牧草的種類有很多，在此為大家介紹寵物兔專賣店或兔子食品專賣店銷售的牧草。

◆作為主食的禾本科牧草

禾本科植物（稻米）或是麥子的特徵為葉子非常細長，除了當成人類與動物的食物之外，還有許多不同的用途。一般認為，野生兔子較愛吃禾本科植物。禾本科植物含有矽酸鹽這種成分，而這種成分具有強烈的研磨性，所以餵兔子吃禾本科的牧草，能幫助兔子將臼齒磨到適當的長度。

禾本科牧草非常適合作為成兔的主食，蛋白質與鈣質的含量也比豆科的牧草來得低。

當令最初收割的提摩西為一割

再次收割的新草為二割

第三次收割的牧草為三割

提摩西 timothy

提摩西又名貓尾草，是於全世界栽植的家畜飼料，也是流通量非常高的牧草。最初日本是為了餵養賽馬而進口這類牧草，後來也成為飼養牛的芻料，在適口性或是營養價方面都非常出色。最高可長至120公分。

日本主要是從美國的華盛頓州或加拿大的亞伯達省進口提摩西牧草，尤其美國的埃倫斯堡是知名的產地，得益於當地的寒冷天氣、明顯溫差與常年的乾冷強風，這裡生產的牧草品質相當優異。埃倫斯堡會於六月中旬到八月中旬進行第一次收割，接著在八月中旬到九月中間進行第二次收割。

相較於美國生產的牧草，加拿大生產的牧草的莖部較短，質地也較為柔軟，每一年的品質也有明顯的落差。日本國內的牧草則以北海道為主要產地。

而所謂的雜草，就是在路邊、河畔、空地生長的草。

＜一割、二割、三割＞

提摩西通常會依照收割時期分成一割、二割與三割。

在收割季節最先收割的稱為一割，也是營養價最高的初割（成熟之前就收割）。禾本科植物結穗時，粗蛋白質的含量最高，豆科植物則是在開花時最高。

由於提摩西為多年生植物，所以不管過了幾年都可持續收割，長在地底的根部則是一大叢的形狀。一割結束後，莖部會跟著枯萎，但之後會從植株的部分長出新莖與新的根部，再長出新草。若是於此時收割，就是俗稱的二割，於後續再次收割的牧草則是三割。

由於一割的牧草吸飽了土壤的養分，所以蘊藏了豐富的礦物質。隨著收割次數增加，牧草的粗蛋白質與粗纖維也會跟著減少，莖部與葉子也會變得細軟。

一般認為，最適合成兔的是一割的牧草，二割或三割則可當成零嘴餵食。

p38～41的牧草照片由kokoronoouchi、BUNNY GARDEN（p40的高纖維牧草）、uta（p41的義大利黑麥草）

義大利黑麥草 Italian ryegrass

義大利黑麥草又稱「鼠麥」，是日本生產的主要牧草之一，具有極高的飼料價值（營養價與適口性都高，也非常容易購入），算是大家熟悉的牧草。最高可長至80公分左右。

義大利黑麥草
營養價與適口性都高的牧草

果園草
香氣茂盛、質地柔軟的牧草

克萊因草
高蛋白質與鉀含量豐富的牧草。香氣非常高雅。

高纖維牧草
糖質較其他牧草為高

果園草 orchard grass

果園草又稱鴨茅，是於全世界廣泛栽植的牧草。由於果園草常於果園作為草生栽培的雜草使用才如此命名。高度約為50～150公分左右。一般認為，出穗後，營養價會大幅下滑。屬於香氣茂盛、質地柔軟的牧草。

而雜草就是於路邊、河畔、空地生長的草。

克萊因草 klein grass

原產地為非洲，被認為是天竺草的變種。高度介於90～120公分之間，莖部相對細軟，屬於蛋白質含量較高，消化容易的牧草。散發著美妙的香氣，也蘊含豐富的鉀。

高纖維牧草 oat hay

高纖維牧草又稱燕麥草。青刈的燕麥草在經過乾燥加工後就成為高纖維牧草。寵物店銷售的「貓草」多數是這種高纖維牧草，種子則是常聽到的「燕麥種子」。高度約在60～160公分之間，糖質與適口性也較其他牧草高。

＜青刈＞

為了生產飼料，在以種實為主要用途的作物結出種實之前就收割的意思。一般認為，青刈可保留種類較多的維生素。

大麥 barley

大麥是全世界最古老的穀物之一。種子可用來製造啤酒、麥材原料與燕麥片，嫩葉則是知名的青汁原料，但也很常當成牧草使用。高度約可長到1公尺左右。含有豐富的非水溶性膳食纖維。加工之後的種子可當成兔子的零食，市面上都買得到。大麥的種子不含麩質。

小麥 wheat

小麥是全世界最古老的穀物之一，分成高纖維牧草（含有莖部與穗部）以及麥稈（種子收成後剩下的莖部，營養價不高）這兩種。作為兔子飼料銷售的是高纖維牧草。這種牧草散發著甜甜的香氣，最明顯的特徵為粗硬的纖維質。種子的胚乳部分含有麩質，種子周圍的芒尖非常銳利，具有一定的危險性。

百慕達草 bermuda grass

百慕達草又稱狗牙根，分成草地使用與飼料專用兩種，前者的高度約為15公分，後者的高度約為60公分。由於質地細柔，很適合用來製作睡床，也適合不愛吃硬草或牙口不好的兔子吃。相較之下，算是蛋白質含量較高的牧草，也含有較高的硒。

其他的禾本科牧草

蘇丹草：原產於非洲，高度1～3公尺。蛋白質含量不高，但纖維質豐富。莖部細軟，葉子寬大柔軟。有資料指出其嫩草含有硝態氮這種毒素（一般農作物會進行降低硝態氮的土壤管理）。

葦狀羊茅：原產於歐洲的牧草，常作為草坪草使用。纖維質雖豐富，但蛋白質與鈣的含量較低。

青刈玉米：在結實之前就收割的玉米，是高營養價的牧草。

戀風草：又稱彎葉畫眉草、垂愛草，為熱帶原產植物。粗蛋白質雖只有6～12%左右，但在春天或秋天生長的戀風草擁有較高的適口性。

糯米草：又稱升馬唐或假儉草，是高營養價與蛋白質的牧草，適口性也較高。高度約為30公分。

大麥
非水溶性膳食纖維非常豐富

小麥
營養價不高，具有粗硬的纖維質
（照片為高纖維牧草）

百慕達草
質地細柔的牧草，也很適合作為睡床的原料使用

◆作為主食的豆科牧草

豆科可說是繼菊科、禾本科之後，另一個生長範圍遍布全世界的科別，與禾本科植物不同的是，豆科植物在葉的根部與根的形狀都不相似，蛋白質含量也較禾本科植物為高，作為牧草而言，適口性也較高。

苜蓿 alfalfa

苜蓿又稱紫花苜蓿，是全世界最古老的栽培牧草。我們當成沙拉吃的苜蓿是這種苜蓿的芽（嫩芽）。苜蓿通常可長到50～130公分，富含蛋白質與形成維生素A的β胡蘿蔔素、維生素B群與維生素K，也含有較多的鈣質與其他的礦物質。由於適口性極高，所以被稱為「飼料之王」。乾燥時容易落葉。葉子的粗蛋白質含量是莖部的2～3倍，也含有較多的維生素與礦物質。

由於含有較高的蛋白質，所以非常適合餵給發育期的兔子吃，也因為擁有極佳的適口性，可在兔子沒什麼食慾的時候餵餵看，平常也可以當成營養補充品少量餵食。雖然瘦弱的老兔子也很適合吃苜蓿，但還是得限制分量，因為苜蓿含有較多的鈣質，會造成兔子出現鈣尿（135頁）。

其他的豆科牧草

白三葉草（白花苜蓿）或紅三葉草（紅花苜蓿）也是營養價極高的豆科牧草，含有較多的粗蛋白質、維生素與鈣質。

◆牧草的種類

新鮮牧草

市面上有許多未經乾燥的牧草，例如提摩西、義大利黑麥草，而這些未經乾燥的新鮮牧草適口性較高，很適合用來獎賞兔子。此外，如果兔子只吃蔬菜，不吃乾燥牧草，也可將新鮮牧草當成過渡期的食品，讓兔子慢慢習慣吃牧草。

新鮮牧草水分較多，所以相同分量的新鮮牧草與乾燥牧草會在營養價出現落差，例如新鮮牧草的蛋白質與纖維質就比乾燥牧草來得少。

新鮮牧草與新鮮蔬菜一樣，無法長期存放，最好幾天內就吃完。市面上的「貓草」多是高纖維牧草，其實也是新鮮牧草的一種。

苜蓿
被譽為「飼料之王」，適口性極高的牧草

白三葉草
以四葉最為常見，是營養價極高的豆科牧草

新鮮的提摩西牧草

收割前的義大利黑麥草

混合型牧草

市面上較常見的是單一牧草的產品，但其實也有多種牧草或香草混合而成的產品。這類產品具有不同的香氣與口感，通常能引起兔子興趣，讓兔子一吃就愛上。

牧草塊

這是將牧草壓成塊狀的產品，原本是作為畜產飼料使用。市面常見的是苜蓿草塊，也有提摩西草塊。除了可用來餵食兔子，也可讓兔子咬著玩。對於吃不習實牧草的兔子來說，不妨讓牠們邊玩邊吃，慢慢地習慣牧草這種食物。

將牧草壓成條狀的產品

這是將牧草壓成條狀的產品。這種產品不僅可幫助兔子習慣牧草，還能幫助對牧草過敏的飼主。這種產品與固態配方飼料的單一飼料（參考48頁）不同，不能當成主食使用。

其他的牧草產品

市面還有以提摩西編成的玩具或睡床。這些產品雖然不是食物，但與牧草塊一樣能幫助兔子習慣牧草。

混合型牧草

苜蓿塊

條狀牧草

提摩西製作的胡蘿蔔

對牧草製作的玩具感到興趣！

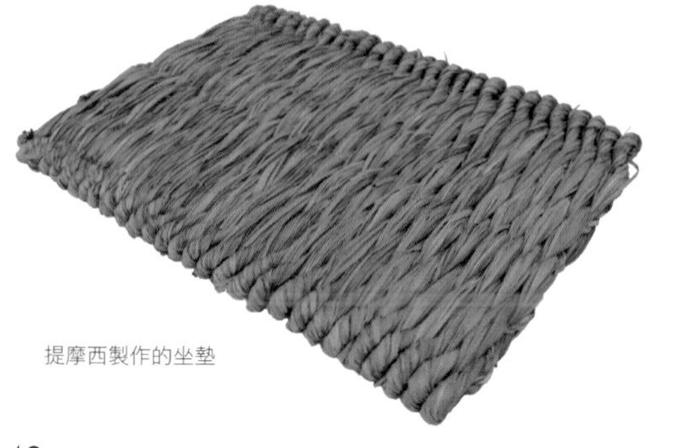

提摩西製作的坐墊

挑選牧草的方法

牧草與超市蔬菜區的蔬菜不同，通常都是包裝完畢的產品，一般也都是透過網路訂購，很難「看到實物之後再購買」，不過若能注意下列幾點，或許就能買到品質更佳的牧草。

◆挑選兔子覺得好吃的牧草

□ 牧草的種類：成兔的主食可以是一割的提摩西，其他則挑選幾種牧草作為補充，但是就如同前面所說的，不一定非提摩西不可，請試著幫兔子找出愛吃的牧草。

□ 盡可能購買新鮮的牧草：放太久的牧草會發黴，也有可能會長蟎蟲，所以在實體門市購買時，不妨參考下列幾項的說明，如果要透過網路購買，也盡可能在流通率較高的店家購買。

□ 購買碎屑較少的產品：若能看到實物，建議選購碎屑較少，沒什麼灰塵的產品。看似放得很久的產品會有黴菌或是蟎蟲的問題。

□ 判斷莖部較多還是葉子較多：若以營養價以及適口性判斷，葉子會是比較好的選擇，但有些兔子偏好莖部，所以不妨先了解兔子的喜好，再視情況購買適當的牧草。

□ 注意葉子的顏色：從葉子的顏色可判斷牧草的種類、收割時期與乾燥方式。葉子的顏色通常是由綠轉黃，所以盡可能挑選綠葉較多的牧草。

＜牧草的褐色葉子＞

有些牧草的葉子看起來像是放了很久的褐色，但其實這些是與其他葉子一起長出來的葉子，會枯掉也是因為被其他葉子擋住陽光。這類葉子的營養價雖然不高，卻還是保有纖維質，也還算新鮮，所以能餵給兔子吃，也有兔子特別喜歡吃褐色的葉子。就經驗來看，加拿大產的提摩西比較容易出現褐色的葉子。要注意的是從綠色轉換成褐色的葉子，這代表已經放了太久。

□ 香氣是否濃郁：若能實際聞聞香氣，建議選擇香氣較為濃郁的產品（通常都得打開包裝才能聞得到，但還是可以作為下次選購的參考）。

□ 每次只買適當的分量：每家兔子食品專賣店或牧草專賣店的牧草都有不同的包裝，分量也不盡相同，所以購買時，建議只買400～800公克的最小包裝（也有100公克的「試吃包」）。其他還有1公斤、3公斤、5公斤這類大包裝的產品，價錢也通常比較便宜。若不知道該買哪種包裝的產品，建議根據保存場所判斷以及能否隨時餵兔子吃新鮮葉子的分量判斷。買小包裝的產品，然後多買幾次可能會是比較好的選擇。

COLUMN

飼主對牧草過敏

禾本科牧草是耳熟能詳的過敏源，許多過敏源的檢查也都將貓尾草（提摩西）或鴨茅（果園草）列為檢查項目。目前已知的是，牧草之所以令人過敏，原因出在花粉，而市面上的牧草為了保留更多的營養，通常會在開花期之前就收割，所以不太會有花粉的問題。牧草的蟎蟲、黴菌、兔毛或是看不見的牧草細粉都有可能是過敏源，所以若是對牧草過敏，請務必先去醫院檢查過敏源，接受適當的治療。

假設已經出現過敏症狀，建議先戴上口罩、護目鏡或是穿上圍裙再接觸牧草，盡可能避免吸入與接觸過敏源。之後也要多洗手與漱口，房間的通風與清潔也很重要。打開空氣清淨機，也能有效去除空氣中的過敏源。

購買新的牧草可避免黴菌與蟎蟲的問題發生。即使購買的是禾本科牧草，購買不同的種類或是購買相同種類的牧草，但選擇不同的產地與收割時期，有時就能解決過敏的問題，而且也能順便試用不同種類的牧草。市面上也有徹底減少牧草細粉的牧草產品。假設有不會過敏的家人，不妨請對方負責購買牧草。

如果一碰到牧草就會過敏，那麼不妨改買牧草塊或是牧草條。

餵食牧草的方法

◆籠子裡應該隨時都有牧草

籠子裡應該隨時備有牧草，讓兔子想吃就能吃得到。成兔不需特別限制禾本科牧草的攝取量。

每次餵的時候，可先餵「2小撮」，看看兔子吃多少，藉此得出「如果是這個量，我家兔子可一次吃完」的心得，找出餵食量的參考值。

在早上與傍晚～晚上餵食時，基本上要更換新的牧草。有些兔子不愛吃放了一段時間的牧草，有的不吃從牧草架掉下來的牧草。除了在兔子進食之前換成新的牧草，也要記得在兔子對吃剩的牧草沒興趣時更換牧草。

◆趁兔子還小的時候讓牠習慣吃牧草

兔子通常不太敢吃新食物，所以請讓牠從小就吃習慣牧草。適合發育期吃的牧草是高蛋白質的苜蓿，但記得補充一點提摩西，讓兔子習慣這類食物。

◆各種牧草架

用來餵兔子吃牧草的容器通常稱為牧草架。

有些兔子只吃特定容器裡的牧草，有的則喜歡到處亂吃，請記得為兔子找出喜歡的容器。雖然籠子不一定夠大，但還是建議固定在同一個位置放牧草，並且在另一個位置嘗試各種餵食方式。

把牧草拉出來再吃的類型

有的牧草架的前擋是網子，兔子可從網子的縫隙拉出牧草再吃。從上面補充牧草的牧草架較為常見，也有能從籠子外側補充牧草的牧草架。

如果選擇的是可動式前擋（拉出牧草的面）的牧草架，記得在牧草減少時，將牧草撥到方便兔子拉出來吃的位置。

盒狀牧草架

盒狀牧草架建議各位選擇可以裝在籠子鐵網上的類型。

其他種類的牧草架

也有球狀的牧草架，可讓兔子邊玩邊進食。如果要餵作為主食的牧草，可將大量的牧草塞在金屬球狀牧草架，如果是木頭或其他天然材質製作的球狀牧草架，則可當成兔子的玩具使用。

還有牧草架與餐具（放單一飼料的容器）組合的類型。沒標示「兔子專用」的盒子或篩網也可當成牧草架使用。

不使用牧草架餵食的情況

牧草也可直接放在籠子的底部，但建議將籠子放在坐墊上面，避免較為細長的牧草從籠子的縫隙掉出去。

牧草架的材質

牧草架的材質有木頭、陶瓷、不銹鋼、合成樹脂這些類型，有的木頭材質的牧草架還兼具磨牙的功能。

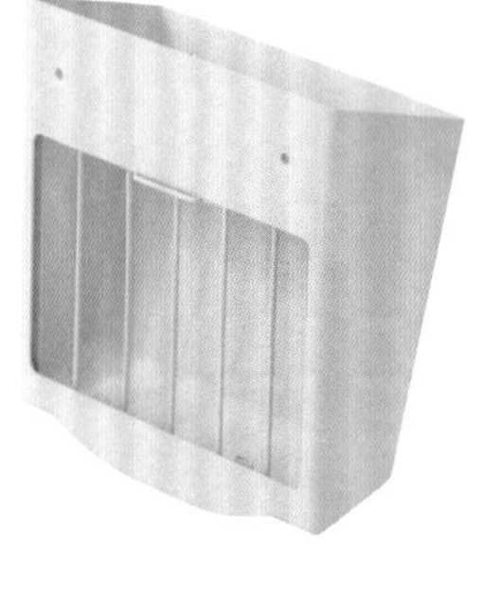
將牧草拉出來吃的類型

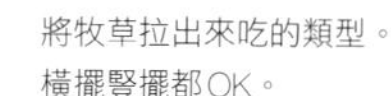
將牧草拉出來吃的類型。
橫擺豎擺都OK。

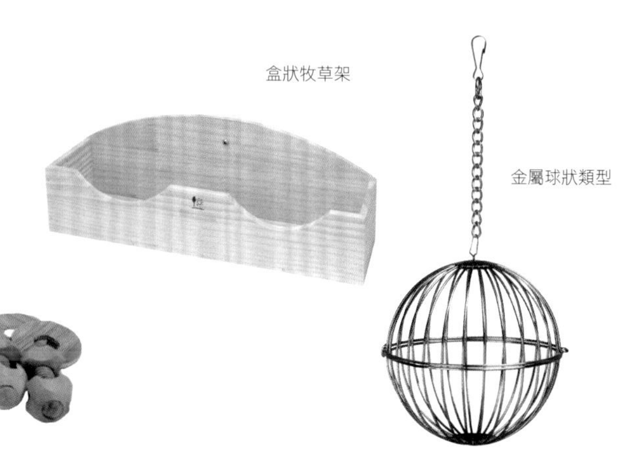
盒狀牧草架

金屬球狀類型

◆設置牧草架的注意事項

□基本上，牧草架應該要離排泄的位置遠一點。

□有些安裝在側面的類型會讓牧草從接近兔子側臉的位置刺出來，所以要避免刺到兔子的眼睛。

□如果選購的是牧草位置比較高或是牧草前方還有一段空間的容器，幼兔、體型嬌小或年老的兔子可能會吃不到牧草，因此要另外搭配盒狀牧草架，為兔子打造能輕鬆吃到牧草的環境。

□設置牧草架之後，記得觀察兔子是否能輕鬆地吃到牧草。

◆餵食的注意事項

□如果牧草裡面挾雜了碎屑或灰塵，記得先拍掉再餵食，也要先確認是否有異物混入或是發霉，又或者散發異味。市面上的牧草通常會放乾燥劑或脱氧劑，請記得先拿掉，以免不小心餵給兔子吃。

□如果牧草被排泄物汙染或是混有兔子的掉毛就必須丟掉。

□如果想餵其他種類的牧草，建議逐步更換，別一口氣全換掉，不然兔子的腸道菌叢有可能因此全滅，兔子也有可能拒吃新的牧草。

□有些兔子喜歡站著吃，有的喜歡把牧草拉出來再吃，有的則喜歡先把牧草整理好再吃，所以要觀察兔子是否吃得開心輕鬆。

□有些牧草器會在放牧草的位置前面多留一點空間，避免往外擠壓的牧草掉在牧草器外面，但有時候幼兔或體型嬌小的兔子會在這個空間排泄，即使是使用盒狀牧草器，也有可能會發生這類現象。此時要先將被汙染的牧草丟掉，再將牧草器洗到沒有異味，徹底晾乾為止。若兔子就是習慣在裡面排泄，建議換成其他類型的牧草器。

□若想知道兔子都吃多少牧草，除了要觀察牧草的減少速度，還要觀察掉在籠子內部或底部裡的牧草有多少。

＜不怕浪費，但也要減少浪費＞

為了讓兔子吃到新鮮的牧草，有時候會被迫報廢牧草，但還是建議大家盡量餵兔子吃新鮮的牧草，不要害怕浪費。

話説回來，能節省還是要節省。

假設選購的是讓兔子拉出來吃的牧草器，就常常會發生牧草掉到籠子的鐵網下面的問題，此時不妨在牧草器下面墊一個尺寸不至於干擾兔子進食的容器，承接從上面掉出來的牧草。有時候兔子也會吃這些掉出來的牧草。

如果選購的是盒狀牧草器，則盡量讓牧草的方向對齊，兔子有可能會因此把牧草吃乾淨。

拉出牧草的部分若是間距過窄，兔子就沒辦法把牧草拉出來，如果太寬，牧草就會掉得滿地，所以要選購間距適當的類型。

若發現牧草掉得滿地，但兔子一口都沒吃的話，有可能是兔子把牧草當玩具玩，但更有可能的是，兔子不喜歡吃這種牧草，此時不妨換換其他種類的牧草。

讓兔子盡情地吃最重要的牧草。

保存牧草的方法

要讓兔子願意多吃一點牧草，當然要重視保存方式。水分較低的牧草雖然遠比蔬菜或新鮮牧草不容易腐敗，比較容易保存，但曝露在光線、氧氣或溼氣底下，還是容易變質，口感也會變差。

有些牧草不會特別標示期限（因為沒有必須標示的規定），但就算沒有標示，不代表不會變質，建議在開封之後的一到兩個月之內餵完。

受潮的牧草會變黃，香氣也會減損，兔子當然不愛吃，而且餵兔子吃發霉的牧草，也有健康上的疑慮。

◆每天的餵食量

如果是依照每天餵食兔子的分量購買牧草（約400～800公克左右），那麼直接保存即可。餵食後，請盡可能將袋子裡的空氣擠出來，或是放入夾鏈袋，利用袋口的拉鏈密封。如果是沒有拉鏈的袋子，可利用密封夾封住袋口。假設牧草的包裝裡面沒有乾燥劑或脫氧劑，請記得另行購買。袋子封好後，記得放在溫度變化不大，不會曬到太陽的陰涼處。

如果買的是幾公斤裝的大容量產品，則建議先將適當的分量（最多是1～2個月的分量）分裝至可密閉的袋子或容器保存，一直放在大容量的包裝袋裡，會有每打開一次袋口，牧草的品質就跟著下降一點的問題。

◆大容量的保存方法

假設買了幾公斤裝的大容量產品，往往得用很久才會用完，保存期間也會拉得很長，牧草有可能因此受潮發霉，也可能長蟎，所以務必多花點心思保存牧草。

如果購買的是幾公斤裝的大包裝產品，建議將適當的分量分到可密封的容器保存。

可密封的保鮮盒、相機專用的防潮箱或是棉被收納袋都可用來保存牧草，不過棉被收納袋得另外吸出空氣，尖銳的牧草也有可能刺破袋子，建議將一半的牧草放在棉被收納袋保存，另一半放在防潮箱保存，之後就能輕鬆地將牧草分裝到每天用於餵食的袋子或容器。

保存時，建議同時放入乾燥劑或脫氧劑。乾燥劑可吸收水分，脫氧劑可消耗氧氣，避免牧草氧化，也有防霉除蟲的效果。市面上都買得到這類食品保存用品，但相機專用的強力乾燥劑效果更好。如果打算同時放入乾燥劑與脫氧劑，建議隔開來放，因為這兩種用品彼此接觸後，效果會大打折扣。

◆牧草的煩惱～兔子不吃牧草

最先該排除的是「因為生病，所以不吃（吃不了）」的情況，有時候則是因為牙口不好而不吃。如果覺得兔子的樣子不太對勁，請帶去動物醫院接受診治。這裡討論的情況都是以沒生病為前提。

牧草以外的食物愈吃愈少

不太愛吃牧草的兔子會先吃點心、飼料以及蔬菜，吃飽後，就不太會再吃牧草。此時建議少給一點零食，單一飼料也依包裝上的建議量餵食。

不要突然更換牧草的種類

如果打算更換牧草的種類，建議不要一口氣全換掉。摻一些舊款的牧草，慢慢地換成新的牧草，才是比較理想的方法。

◆讓兔子願意吃牧草的方法

找出兔子愛吃的種類

就算都是提摩西，也分成一割、二割、三割，而且產地（美國產、加拿大產、日本產）與適口性都不同。換地方購買也可能找到兔子愛吃的牧草，因為每間店在進口之後的存貨時間與保管方式都有所不同。

此外，牧草還有單層乾草塊與雙層乾草塊的種類之分。

餵提摩西以外的牧草

提摩西以外的禾本科牧草也可以當成兔子的主食使用。有些寵物兔專賣店或牧草專賣店還會提供小包裝的試吃包，建議大家買來試看看。

餵食不同口感的牧草

莖部的纖維質較高，吃起來比較有口感；葉子與穗的部分較軟，較容易入口，適口性也較高。有些兔子喜歡吃較短的牧草。

當成「玩具」，讓兔子習慣牧草

讓兔子追著牧草編成的球玩，有時會讓兔子知道可以邊玩邊啃牧草。可利用長度較長的軟草編成讓兔子玩的玩具。

不時更新牧草

有些兔子不吃放太久的牧草，只吃新的牧草。

挑選適當的餵食時間

早上餵食單一飼料或蔬菜之前，可先換成新的牧草，或是預留一段只有牧草可吃的時間。

兔子在房間裡跑跑跳跳之後，消化道的蠕動會變得活躍，也會變得比較想吃東西，這時候若能像是餵食「點心」般，用手餵兔子吃牧草，應該能引起兔子對牧草的興趣。

別讓兔子吃零食吃得太飽而吃不下牧草。

調整牧草器或放置牧草的方式

兔子對於牧草的放置方式也有自己的喜好，例如有的兔子喜歡直接吃放在下方的牧草，更勝於把牧草拉出來吃。

試著花點心思讓兔子喜歡牧草

大部分的兔子都喜歡香氣明顯、口感清脆的牧草。有一些方法可讓放了一段時間的牧草重新散發香氣。

趁著日曬強烈、溼度不高、風力不強的日子將牧草放在陽台曬乾是不錯的方法。

利用微波爐加熱也是大家熟悉的方法，但有可能會起火燃燒，所以要特別小心。

此外，可用手將葉子或莖部從中撕開，再用手輕輕搓揉，這樣牧草就會散發香氣。利用瓶底輕輕摩擦或拍打牧草的莖部，也一樣能讓牧草散發香氣。

◆別溺愛兔子

如果家中的成兔沒有身體不適、生病或高齡這類問題，卻一點都不想吃牧草的話，不妨試試看「不要太溺愛兔子」這個方法。

意思是，在幾小時之內，只在籠子裡面準備牧草這種食物（當然還是要準備水），而且不要太在意兔子「願不願意吃牧草」。若一直注意兔子，兔子反而會期待你餵牠吃零食。簡單說，就是跟兔子比耐性，等到牠吃了牧草再給牠一點獎賞。

【注意】也不能讓兔子餓肚子餓太久。如果早上只放牧草就外出，直到晚上才回來的話，兔子就會餓太久（如果兔子怎麼樣都不肯吃牧草）。只餵牧草的時段最好設定在傍晚到晚上飼主就寢之前的時間，才不會讓兔子餓太久。

說不定兔子會喜歡牧草製作的玩具。

找出兔子愛吃的部位。

找出適合餵食的時間。

2. 單一飼料
用於補充的主食

餵食量雖少，重要度卻不遜於主食

◆餵食單一飼料的目的

餵寵物吃的固態配方飼料常稱為單一飼料（兔子吃的單一飼料又稱為兔子食品，本書統一稱為單一飼料）。

餵兔子吃單一飼料的一大目的在於讓兔子吸收完整的營養，因為只吃主食的牧草，很容易營養不良。

常見的兔子專用飼料是在碾碎的牧草或穀類加入維生素、礦物質以及其他營養素製成。近年來，各家廠商都研發了維護兔子健康與延長兔子壽命的單一飼料，市面上的單一飼料也是琳瑯滿目。

單一飼料在營養補給這塊的重要性雖然不下於牧草，也可當成「主食」餵食，卻不像牧草，能無限制地餵兔子吃。

單一飼料的種類與特徵

◆主要材料（苜蓿／提摩西）

許多單一飼料的原料都是牧草，例如苜蓿、提摩西的牧草粉或牧草粒都是其中一種。這裡的粉狀或粒狀都以「meal」這個英文單字標示。

一般來說，以苜蓿為原料的單一飼料適口性較高、蛋白質含量也較多，如果餵成兔吃的是這種單一飼料，建議讓兔子吃足夠的提摩西牧草。發育期或懷孕的兔子需要較多的營養，所以也很適合餵食以苜蓿為原料的單一飼料。

如果家裡的兔子不太愛吃禾本科的牧草，不妨改餵提摩西製作的單一飼料。

不同原料的單一飼料

以苜蓿為主原料的單一飼料

以提摩西為主原料的單一飼料

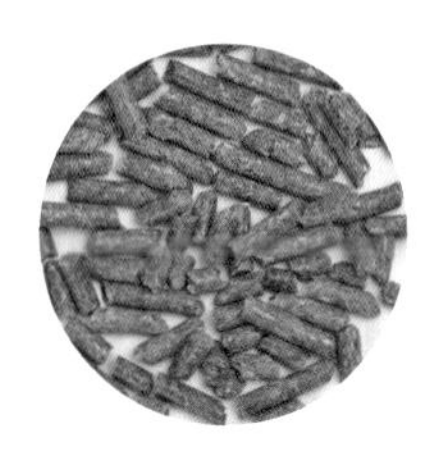

依照易碎性分類的單一飼料

軟飼料

硬飼料

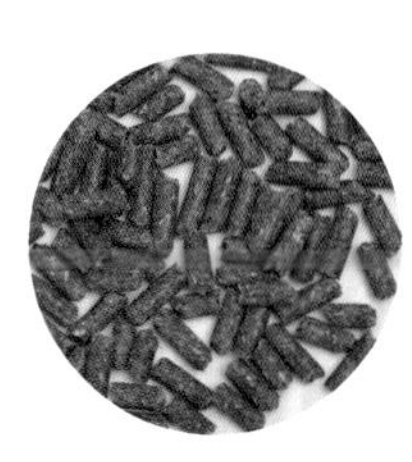

＜牧草以外的原料＞

有時原料會另外摻一些穀類、糟糠類、豆類或添加物。

穀類：穀類通常是當成單一飼料的黏著劑使用，最常見的有玉米、小麥、大麥、燕麥。小麥的胚芽含有麩質。玉米漿飼料或玉米麵筋粉是利用玉米製作澱粉（玉米粉）之際產生的副產品。玉米的麩質與小麥的麩質是不同的。

糟糠類：指的是米糠、小麥的麩皮、大麥糠、玉米粉渣（玉米的麩皮），通常含有豐富的蛋白質、纖維質與維生素。

豆類：指的是黃豆與黃豆皮、脫脂黃豆（都是利用黃豆製油所產生的副產品）、豆渣（以黃豆製作豆漿之後剩下來的殘渣）、黃豆粉（將烘過的大豆碾製成粉的產品）。黃豆含有豐富的蛋白質與脂質。

其他如甜菜渣就是利用甜菜（糖蘿蔔）精製砂糖留下來的殘渣。這種豆類也富含容易消化的纖維。常於飲料使用的珍珠則是樹薯的澱粉。

＜何謂無麩質＞

為了讓原料的牧草黏著，通常會使用麵粉，但麵粉含有特殊的蛋白質，也就是我們熟知的麩質，這也是讓麵包的麵糰或是烏龍麵變得黏黏的成分。如果餵兔子吃太多麩質，有可能會讓牠們的消化道無法正常運作，所以市面上也有強調無麩質的單一飼料。

＜添加物＞

為了全面顧及營養，單一飼料通常會添加維生素、礦物質、胺基酸這類營養補充品，有時候則會為了維持品質加入其他的添加物。

添加物也包含BHA、BHT、乙氧喹這類帶有危險性的抗氧化劑（寵物食品安全法已有相關的使用規範），但兔子吃了氧化的單一飼料，也一樣會有健康問題，所以當然也要避免單一飼料氧化。目前於單一飼料使用的抗氧化劑為天然的生育醇（維生素E）以及迷迭香萃取物。

※寵物食品安全法的相關內容請參考152頁。

◆軟飼料／硬飼料

單一飼料分成「軟飼料」與「硬飼料」兩種。包含「發泡」這道製造過程的飼料是軟飼料，但這不代表這種飼料很軟爛，只是比硬飼料更容易碎掉而已。目前單一飼料的主流為軟飼料。

由於軟飼料容易碎掉，所以比較不會對牙齦造成負擔，但也不太需要以臼齒碾爛纖維就能吃，這點與硬飼料沒什麼明顯的差異。

假設家中的兔子不愛吃牧草，希望餵單一飼料，讓牠多使用臼齒的話，還是餵食纖維容易碎成一大塊的飼料比較好。

不同生命周期所需的單一飼料

發育期（成長）

維持期（維持健康。成兔專用）

高齡期（年老）

無麩質類型

◆生命周期／全周期

市面上有依照每段生命周期設計配方的單一飼料，一般會分成發育期（成長）、維持期（維持健康，成兔專用）、高齡期（年老）這幾個階段。發育期的單一飼料會添加較多的蛋白質或鈣質，高齡期的單一飼料則會降低熱量，每一家廠商的產品都有不一樣的特徵。

不過，這不代表「一定要依照兔子的生命周期更換飼料」，因為將兔子吃習慣的單一飼料換成另外的飼料後，有可能兔子就不吃了。如果打算依照生命周期更換飼料，基本上最好持續選購同一家廠牌的單一飼料，因為基本的原料會是一樣的。除了上述這些依照生命周期調配的單一飼料之外，也有全周期的單一飼料，可讓兔子從發育期一直吃到高齡期，就不用擔心換了新飼料，兔子卻不吃的問題，不過這時候就必須依照每個周期所需的營養調整餵食單一飼料的分量，或者是利用牧草補充營養。（細節請參考「依照不同生命周期調整餵食方式」114～122頁）。

◆其他用途的單一飼料

市面上還有許多特徵各異的單一飼料。

例如減重類型的單一飼料就適合有點胖的兔子吃，因為卡路里較低，蛋白質含量也比較少。對付毛球症的單一飼料則會加入較多的植物油脂，纖維質也較高，可幫助兔子排出吞進肚子的毛球。也有依照品種或是體毛特徵設計的單一飼料。

◆混合類型的兔子食品

除了單一飼料之外，也有乾燥蔬菜或穀類混拌而成的混合型兔子食品。如果單一飼料的原料、成分以及另外拌入的食材，都很適合當成兔子的主食，而且兔子也都吃光光的話，或許也可以考慮餵兔子吃混合類型的食品。但事情不會這麼順利，因為兔子習慣從愛吃的食物開始吃，一旦先吃了單一飼料以外的食物，就有可能營養不良，所以要先想清楚再決定餵混合類型的食品。

依照用途分類的單一飼料

毛球症專用類型

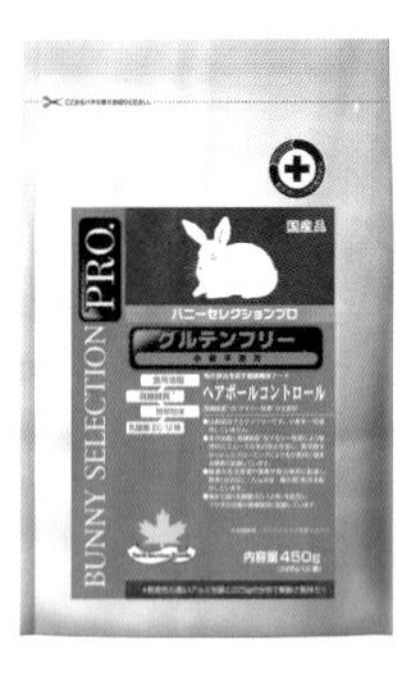

為不同品種設計的類型（垂耳兔專用）

為不同品種設計的類型（荷蘭侏儒兔專用）

減重類型（有點胖的兔子專用）

全周期

從發育期到高齡期通用的類型

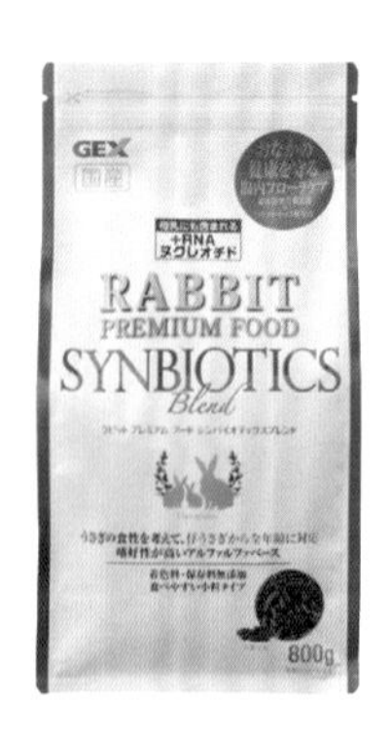

單一飼料的挑選方法

◆這種單一飼料適合我家兔子嗎？

若想知道單一飼料的配方是否具備兔子所需的營養價，可從包裝的成分標示判斷。兔子所需的營養價請參考下表。

此外，如果要依照生命周期餵食，請依照兔子的年齡挑選合適的產品。若不打算依照生命周期餵食，請在發育期的時候，餵兔子吃主要原料為苜蓿的飼料。餵健康的成兔吃主要原料為苜蓿的飼料雖然不會有什麼問題，但還是建議另外餵充足的禾本科牧草。

一不小心就會吃得太胖的成兔則建議餵減重類型的飼料，或是以提摩西牧草為主原料的低卡路飼料比較好。假設家中兔子不太愛吃牧草，除了餵主要原料為提摩西的飼料之外，也可另外補充做成條狀的牧草。

最近，低麩質或低澱粉的單一飼料特別受到歡迎，因為這類飼料可減輕兔子消化道的負擔。

◆包裝上的標示正確嗎？

請確認飼料的原料、成分、保存期限、餵食方式（分量）的標示與用途（作為主食或零食使用）。

＜關於包裝標示＞

包裝的標示內容是挑選單一飼料之際的重要參考，不過，目前還沒有兔子飼料的相關規範，反觀貓狗飼料則已經有「寵物商品管理規定」。

製造兔子商品的日本廠商超過半數都加入了寵物食品公正交易協議會，製造貓狗食物時，當然也會遵守公正競爭規範，所以在不久的未來，應該會出現兔子食品相關的公正競爭規範。

兔子所需的營養價

①	粗蛋白質13%	總纖維量20～25%	植物脂肪只要超過2.5%即可，若要另外補充則不可超過5%
②	粗蛋白質12%	粗纖維20～25%	約為脂肪2%
③	粗蛋白質12%～16%	粗纖維18%以上	低消化性纖維12.5%、脂肪1～4%

※每一種資料推薦的營養價數據都不同，適當地參考即可。

【參考】

「寵物食物標記相關的公正競爭規範」所強制規定的包裝標示內容

①寵物食品的名稱／商品名稱、目標動物。
②寵物食品的目的／「綜合營養食品」、「餐與餐之間的零食」、「食療」、「其他」。
③內容量
④餵食方法／綜合營養食品會標示成長階段、體重、餵食次數與餵食量。
⑤保存期限
⑥記載成分／粗蛋白質（○%以上）、粗脂肪（○%以上）、粗纖維（○%以下）、粗灰分（○%以下）、水分（○%以下）。
⑦原料名稱／原則上會記載所有的原料。添加物之外的原料會依照重量比例的多寡，由大至小排列，添加物則除了加工助劑之外（只於加工過程使用，不會影響最終產品的原料）都會全部記載。
⑧產地國名／記載「國產」或產地國（負責最終加工過程的國家）。
⑨業者姓名、名稱與地址

■保證成分
蛋白質……13.0%以上
脂質……2.0%以上
粗纖維……22.0%以下
灰分……11.0%以下
水分……10.0%以下
鈣……0.6%以上
磷……0.4%以上
代謝熱量……235kcal以上／100公克

■原料名稱
提摩西牧草粉、麵粉、苜蓿粉、小麥麩皮、脫脂黃豆、玉米粉渣、植物萃取發酵精華、玉米漿飼料、殺菌處理乳酸菌、礦物質類（食鹽、硫酸鋅、硫酸銅、硫酸鈷、碘酸鈣）、胺基酸類（DL-蛋胺酸）、維生素類（膽鹼、菸鹼酸、B_6、E、泛酸、A、B_2、葉酸、生物素、D_3）、甜味料（索馬甜）

於單一飼料包裝記載的成分與原料名稱範例（DUNNY SELECTION／Easter）。

＜綜合營養食品＞

能記載為綜合營養食品的貓狗食品必須通過寵物食品公正競爭規範制定的分析實驗與餵食實驗，換言之，綜合營養食品的配方具有均衡的營養，只要與新鮮的水一起餵食，就能維護貓狗每個成長階段的健康。目前沒有兔子食品的綜合營養食品規範。

＜關於「粗」與以上、以下的標示＞

成分標記的「粗」代表成分分析之際的保證精確度。以粗蛋白質為例，除了分析真蛋白質，還會分析胺基酸這類成分，所以才會另外標記「粗」。

粗蛋白質與粗脂肪都是熱量來源，也是非常重要的標示內容，如果要說明至少含有多少分量時，會標記為「以上」。粗纖維與粗灰分若比標記的數值多，代表可攝取的熱量或其他的必需營養會攝取不足，所以為了說明最多不會超過某個分量時，會標記為「以下」。

◆其他重點

□請從包裝或是製造商的網頁確認單一飼料的特徵與概念。

□口碑雖然是非常重要的情報來源，但每隻兔子的體質都不同，除了單一飼料之外，其他的食物該吃多少也不一定，所以建議大家先有這樣的認知，再參考口碑的推薦。

□遮光性與密閉性較高的包裝、有拉鏈的包裝比較利於保存。產品一旦開封，內容物就會開始變質，所以每次只買小包裝的產品，也是不錯的選購方式。

□有些單一飼料是進口的，建議大家從正規的代理商購買。平行輸入的水貨不一定能保證品質。

□如果換成新的單一食料，對於新食物敬而遠之的兔子有可能會不敢吃，因此建議大家選購不會立刻停止生產，能夠持續餵的單一飼料，只是這也很難在購買的時候就能查清楚。

單一飼料的種類很多，記得先確認包裝上的成分標示。

以穩定的餐具餵兔子吃飯吧。

餵食單一飼料的方法

◆飼食的量與次數

餵食量

單一飼料的包裝通常會標示單日餵食量的參考值，最常見的是體重1公斤餵40公克或是體重5%的標示。以體重1.5公斤為例，在前者的標示裡就是餵60公克，在後者的標示則是餵75公克。

目前建議的成兔單一飼料每日餵食量為體重的1.5%，若以體重1.5公斤為例，可換算成22.5公克，這與前述的餵食量有著明顯的落差，所以建議大家先餵規定量，之後再視情況調整分量。

單一飼料雖是補充營養所不可或缺的食物，但兔子還是得吃禾本科的牧草，因此建議大家控制單一飼料的量，讓兔子能攝取充分的牧草。

發育期的兔子可多吃單一飼料，但差不多過了半年之後，就必須控制單一飼料的餵食量。（細節請參考「依照不同生命周期調整餵食方式」114～122頁）。

餵食次數

基本上是早上與傍晚～晚上各餵一次。早上可餵食一天總量的四成，晚上則可餵食總量的六成，因為消化道在晚上比較活潑，多餵一點沒有關係。如果兔子會在特定的時間點吃比較多，則可在該時間點多餵一點。

◆要餵幾種比較好？

單一飼料通常設計成與牧草、水一起餵，兔子就能攝取到必要營養的配方，所以只要品質沒問題，只餵一種也是可行的。

不過，讓兔子習慣吃很多種單一飼料也是有好處的。

第一個好處是，因為有些兔子不愛吃新食物，所以只餵單一種飼料，一旦該飼料因為某種原因而停止生產，那可就麻煩了。就算是同一種廠牌，只要原料有一點點差異，或是生產批次（商品生產單位）不同，有些兔子也是不吃的。

此外，也有因為災害導致買不到常買的單一飼料，或是架上的飼料與常買的不太一樣的情況。

如果打算餵很多種單一飼料，就必須算好加總之後的餵食量（例如要餵的是體重的1.5%，選擇餵食的飼料有兩種時，就必須是這兩種飼料加起來為1.5%的量）。

◆餵食方法

建議把單一飼料放在餐具裡餵食。基本上，餐具應該放在離排泄處較遠的位置。餐具分成兩種，一種是放在地板的類型，另一種是裝在籠子側面的類型。若選用放在地板的類型，建議選購重一點的，避免兔子不小心打翻，陶瓷材質或不銹鋼材質都是不錯的選擇。但有些兔子很喜歡將餐具裡面的飼料翻出來，撒得整個地上都是。如果是裝在籠子側面的類型，通常會裝在離地面有一點高度的位置，兔子就比較不容易將裡面的飼料翻出來，不過裝設時，記得裝在兔子方便進食的高度。

也有寵物專用的自動餵食器。自動餵食器的種類有很多，有的可以設定時間與餵食量，時間一到，就掉出適當分量的飼料，有的可利用智慧型手機遠端操控，有的還內建了即時影像監視器，但多數都是為了狗狗與貓咪設計的。假設要使用自動餵食器，就必須仔細觀察這類裝置的運作情況。

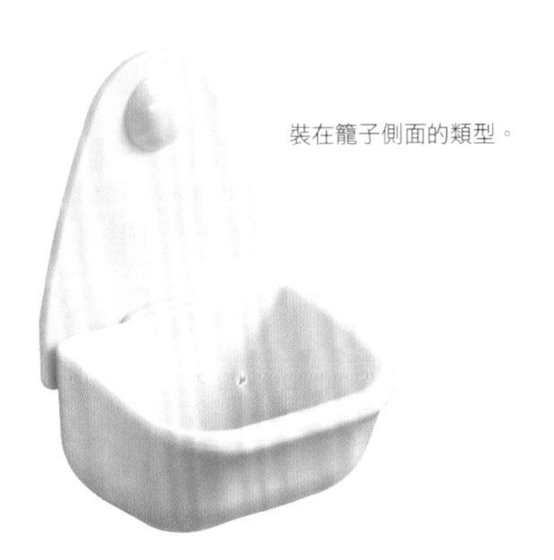

裝在籠子側面的類型。

能穩穩放在地板的類型。

◆更換單一飼料

若打算更換飼料，建議以逐步將舊飼料換成新飼料，讓新飼料的比例慢慢增加的方式更換。有些情況可從更換一成的量開始，然後花一週到十天的時間全部換成新飼料，如果從日常的進食情況發現兔子無論如何都不吃新的食物時，就得多花一點時間慢慢換成新飼料，不然也可以繼續餵原本的飼料，然後將新飼料打成粉狀，偷偷加在舊飼料裡，讓兔子習慣新飼料的氣味與味道。

如果發現有新飼料沒吃完，難免會擔心得想要多補充一點舊飼料，但其實兔子是很有學習能力的，久而久之就會知道「只要不吃新飼料，主人就會補舊飼料」。只要是健康成兔，也一直都願意吃牧草，就該一直餵新飼料，不要補充舊飼料（不至於陷入絕食狀態的話）。

迎接兔子成為家中新成員的情況

如果是新兔子，就算想餵新飼料，也建議先餵兔子吃習慣的飼料，等到兔子熟悉新環境，再換成新飼料。

依照生命周期更換飼料

假設一直以來，都是依照兔子的生命周期替換飼料，那麼通常會從發育期的飼料換成維持期，再從維持期的飼料換成高齡期的飼料。此時選購同一系列的單一飼料會比較方便更換。（細節請參考「依照生命周期餵食的方法」114～122頁）。

假設是什麼都吃的兔子

也是有兔子一點都不怕新食物，但是換了單一飼料，代表飼料的原料不一樣，有可能會造成腸道菌叢的生態失去平衡，建議還是慢慢更換飼料才妥當。

◆餵食方法的注意事項

□餵量請依照兔子的體格與糞便狀態判斷。假設兔子太瘦，代表現行標準的「體重1.5%」的餵食量不夠。能維持肌肉量的分量才是最適合兔子的餵食量。

□別讓飲水器的水滴溼餐具裡的單一飼料。蔬菜與其他含有水分的食物應該與飼料分別放在不同的容器。

□如果早上餵的飼料留到傍晚都沒吃，建議直接換成新的飼料，不要再補充舊的飼料，當然也要找出兔子沒吃完的原因。

□有些兔子一餵飼料就吃光光，有的則要花很多時間才能吃完。如果原本是急著吃完的類型，卻遲遲不肯開動的話，代表牙齒或消化道可能有問題。建議大家在餵食時，要仔細觀察兔子進食的狀況。

更換飼料的基本原則

從更換一成的量開始，花一週到十天的時間全面換成新飼料。

如果是不願接受新食物的兔子

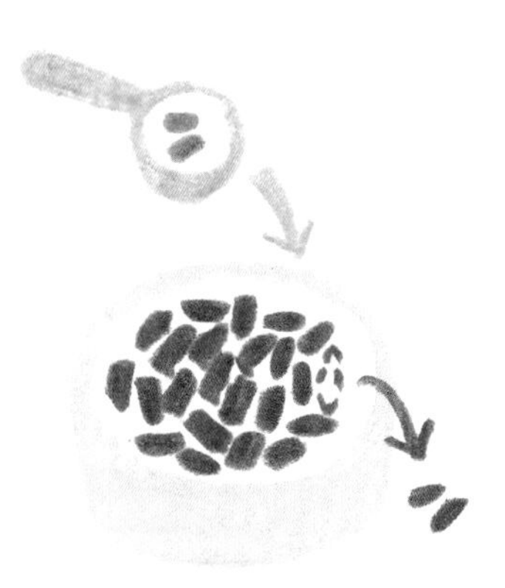

減少新飼料的量，拉長更換新飼料的時間。

將新飼料碾碎，偷偷撒在舊飼料裡面。

單一飼料的保存方法

單一飼料一開封就會開始變質。空氣、日曬、高溫潮溼這類環境因素都是造成單一飼料變質的元凶，維生素也會因此氧化，所以餵完飼料之後，請務必將袋子裡的空氣擠出來，也要拉緊包裝袋的拉鏈，放在溫度變化不大、低日曬與陰涼的地點保存。如果是沒有拉鏈的包裝袋，不妨使用市面上常見的密封夾封好，也建議連同包裝一起放進米缸保存。

「陰涼」的地點雖然有利保存，卻不建議放進「冰箱」保存，因為拿進拿出的時候，會產生明顯的溫度變化，也有可能因為結霜而變質。

由於每天的餵食量不高，所以開封後，可能得過一段時間才用得完，但最好還是在1～1個半月之內用完，只是事情往往不會那麼順利（若一天餵20公克，1.5公斤包裝的單一飼料要餵75天才餵得完）。如果想更妥善地保存，建議在開封後，先分裝成小分量，以免每餵一次，飼料就得接觸空氣一次。

使用單一飼料的煩惱

◆明明是同一種飼料，兔子卻不吃

明明是同一種飼料，但兔子就是不吃新買的。就算兔子的健康沒問題，這類情況還是有可能會發生。

生產批次不同

生產批次不同有可能是讓兔子不吃飼料的原因之一。所謂的批次是指生產的最小單位，同一批次會以相同的原料製作，如果批次不同，原料的收割時期或是來源就有可能不同，而兔子有可能會因為這些差異覺得「怎麼跟平常不一樣」而不願吃飼料。

如果家中兔子的個性比較謹慎，不如仿照更新新飼料的方式，將新買的同一種飼料慢慢摻入舊的飼料裡。

如果兔子怎麼都不肯吃新買的飼料，但舊飼料又已經餵完的話，可根據生產批次的編號去其他的寵物用品專賣店或製造商問問看。若包裝上面沒有這類編號，則可購買有效期限相同的飼料。

如果想避免兔子不吃飼料的問題，記得平日就讓牠們多接觸不同的食物，降低牠們對新食物的戒心。

管理單一飼料的問題

有時會因為沒有封好而受潮或是因為保存不當，導致飼料變得不能吃，所以千萬要選對保存方式。

沒有飲用水

請確認飲水器是否能出水，兔子有沒有喝飲水器的水。兔子有時候會因為水喝得不夠而不願意吃飼料。（關於飲用水請參考77頁）

圖中是保存方式的範例。為了避免一直打開包裝，可先將兩週的飼料分裝成小包裝，每次都以小包裝的飼料餵食。

3. 蔬菜
當成副食，每天少量餵食

餵食蔬菜的理由

或許有人認為「兔子只吃牧草與飼料」就夠了，但本書還是推薦大家餵兔子吃蔬菜。雖然蔬菜不像牧草，「不是非餵不可的食材」，卻是「餵食也無妨的食材」。建議餵食的理由如下。

讓兔子習慣吃更多種類的食物

兔子願意吃的食物是愈多愈好，請盡可能創造機會，讓兔子吃下不同的食物，蔬菜也有很多能輕鬆買到的種類。

蔬菜不僅可在兔子沒有食慾的時候餵，味道特殊的蔬菜也能當成食療的藥使用，所以千萬要讓兔子習慣吃各種蔬菜。

能自行選購，安心感倍增

超市的蔬菜賣場有許多蔬菜，飼主可從中挑選新鮮的蔬菜，有時候還能根據產地或品種挑選。

維生素與礦物質的供給來源

新鮮蔬菜也是很棒的維生素或礦物質的供給來源。牧草與單一飼料也含有維生素與礦物質，所以餵食某些蔬菜時，要特別注意餵食方法。

水分的供給來源

水分是促進消化道蠕動的重要因素（參考77頁）。雖然可透過飲水器補充飲水，但有些兔子不愛從飲水器喝水，此時水分較多的新鮮蔬菜就是不錯的水分補充來源。唯一要注意的是，別突然餵不習慣吃蔬菜的兔子吃蔬菜。

讓兔子享受進食的樂趣

味道、香氣、口感都不同的蔬菜也能讓兔子吃得很開心，而且也能每天看到不同的蔬菜。

能與兔子一起享用

飼主也可以一起吃餵給兔子的蔬菜，而且在蔬菜賣場看到很罕見的蔬菜時，還能想想：「這種蔬菜能夠餵給兔子吃嗎？」看到當令的食材時，也能很開心地想著：「買給兔子吃好了。」

具有一定的機能性成分

許多蔬菜都含有多酚或其他機能性成分，對人類來說，也有抗氧化的效果。

◆蔬菜是為了「人類」種植的食物

一般來說，蔬菜是為了人類而進行品種改良的作物。蔬菜可分成田裡種植的、當成副食品使用的、不準備加工的、草本性的（像草類，不像樹木的類型）這些種類，而大部分的蔬菜都是從野生的品種改良，改良過程中也發生不少變化，其變化之一就是變成人類愛吃的口味。比方說，甜味增加、刺激的味道或苦味減少，口感變好、水分增加、纖維變細等等。餵兔子吃蔬菜的時候，最好能先知道這些資訊。

記得仔細觀察兔子吃完蔬菜之後的狀況。

蔬菜的種類與特徵

※在此列出的健康效果僅是以人類為例。

十字花科

高麗菜

舊稱為甘藍，是歷史最為悠久的蔬菜之一，是從青汁的知名原料「羽衣甘藍」改良而來的蔬菜。

含有類維生素物質的維生素U，這種維生素U又稱為「高麗菜精」(cabagin)，具有抑制胃炎、修復胃潰瘍的效果，甚至有一種知名胃腸藥就直接以「cabagin」命名，而這種高麗菜精就是從高麗菜萃取的成分。

高麗菜的外層葉子與菜心含有豐富的維生素C，最外層的綠葉則含有大量的β胡蘿蔔素，外層葉子的非水溶性纖維素也較內側葉子來得更多。

甜菜（莧科、又稱糖蘿蔔）或高麗菜、綠花椰菜、蘆筍所含的棉籽糖是一種寡糖，富含於高麗菜的菜心，也常被認為是造成人類消化不良或脹氣的原因，卻也能增加大腸的比菲德氏菌。適量餵食，應該不會有問題。

一般認為，高麗菜具有抗氧化與提升免疫力的效果。

雖然全年都可收成，但是春天的新高麗菜的葉子比較軟，水分也比較多，冬天的高麗菜則比較甜。紫高麗菜的色素則來自花青素。

春季高麗菜的當令時節為3～5月，秋季高麗菜則為7～8月，冬季高麗菜則落在1～3月。

小松菜

具代表性的黃綠色蔬菜之一，富含β胡蘿蔔素、維生素C、B群、維生素E，也含有大量的鐵與鉀，鈣質的含量更是眾多蔬菜之中的前段班。當令的時節為冬季，日本的「摘菜」則是小松菜或大頭菜還未成熟的嫩葉。

<硫代配醣體>

十字花科的蔬菜都含有硫代配醣體這種成分。目前已知的是，這種成分會轉換成誘發甲狀腺腫、甲狀腺肥大的甲狀腺腫素，所以也有人認為，不能餵兔子吃太多十字花科的蔬菜。

不過，甲狀腺腫素具有抗癌的效果，在以人類為對象的實驗裡，也已證明多吃十字花科的蔬菜能有效降低死亡風險。

只要不是連續幾週餵食大量的高麗菜，應該就不會有什麼大問題。高麗菜與其他的十字花科蔬菜都具有很高的營養價，只要不是持續大量餵食即可。

大口咬下最愛吃的小松菜！

青江菜

青江菜是白菜的近親，也是中國蔬菜在日本的代表之一。含有大量的β胡蘿蔔素與維生素C，也含有豐富的鈣質、鐵質，其抗氧化效果也廣為人知。

當令時節為秋冬。

西洋菜

又稱豆瓣菜、水田芥、水芥菜，常與肉類料理搭配使用，也具有明顯的辣味。富含β胡蘿蔔素、維生素C，也含有大量的鈣、磷、鐵以及其他礦物質。目前已知，黑芥酸鉀這類成分有促進消化的效果。

當令時節為春季。

水菜

日本特有的蔬菜，也被稱為京菜，是京都傳統蔬菜之一。富含β胡蘿蔔素、維生素C以及鈣、鐵、鉀這類礦物質，膳食纖維的含量也很高。

當令時節為冬季。

水菜近親之一的壬生菜也能餵給兔子吃。

芝麻菜

在日本稱為黃花蘿蔔，別名為火箭菜。具有芝麻的香氣以及淡淡的辣味與苦味。富含β胡蘿蔔素、維生素C、E以及鐵、鈣這類礦物質，最廣為人知的是優異的抗氧化效果。

當令時節為4～7月、10～12月。

有時候可讓兔子在戶外吃。

大頭菜葉

大頭菜是日本自古以來就有在種植的蔬菜。除了常作成醬菜的聖護院蕪菁之外，日本全國都有種植大頭菜。比起根部，人頭菜的葉子更有營養，含有大量的β胡蘿蔔素、維生素B1、B2、C以及鈣質。

當令時節為3～5月、10～12月。

蘿蔔葉

蘿蔔是日本自古以來就有在種植的蔬菜，葉子的營養比根部來得高，富含β胡蘿蔔素、維生素C與鈣質。

餵兔子吃的通常是葉子。餵根部也沒有問題，只是水分的含量較高。

當令時節為7～8月、11～3月。

兔子也可以吃蘿蔔乾，但蘿蔔乾的水分比較少，營養也相對濃縮，與新鮮蘿蔔相比，鉀的含量約為14倍、鈣約23倍、膳食纖維約16倍、鐵約49倍，營養價非常高。如果家裡的兔子必須少攝取鈣，就不太適合餵食蘿蔔葉。

櫻桃蘿蔔

在日本也稱二十日蘿蔔，是白蘿蔔的近親。圓滾滾的紅色品種在日本非常受歡迎，除此之外，還有表面為紅色的細長品種（大家應該都看過彼得兔吃蘿蔔的畫面吧，吃的就是這種蘿蔔）以及其他品種。表面的紅色來自花青素，這種成分可幫助消化與吸收，也有抗氧化效果。

除了隆冬時節，全年都可種植。

綠花椰菜

在日本也稱芽花野菜，是從野生的高麗菜改良而來。除了葉子之外，也可餵食莖部與花蕾（人類常吃的部分）。含有豐富的β胡蘿蔔素、維生素B群、C、鉻、鉀與鈣。

目前已知，蘿蔔硫素含有抗氧化與解毒效果。

當令時節為冬季。

從綠花椰菜變異而來的白花椰菜也能餵兔子吃。白花椰菜含有豐富的維生素C與B群，當令時節為冬季。

比起一般的葉菜類蔬菜，綠花椰菜與白花椰菜的花蕾都含有較多的澱粉質與醣質，所以得控制餵食量。

傘形科

胡蘿蔔

若問兔子愛吃什麼，大部分的人應該都會想到胡蘿蔔，但其實討厭胡蘿蔔的兔子並不少。胡蘿蔔屬於營養價較高的蔬菜之一。

胡蘿蔔大致分成西洋與東洋兩種，日本市面上常見的稱為五寸胡蘿蔔，是西洋胡蘿蔔的近親。

胡蘿蔔的特徵之一就是豐富的β胡蘿蔔素，而這種成分具有強烈的抗氧化效果，連同胡蘿蔔的橙色都是來自這種成分的色素。若是常吃含有豐富β胡蘿蔔素的蔬菜，β胡蘿蔔素的色素就會隨著尿液排出，所以尿色會變得紅紅的。金時紅蘿蔔的色素為茄紅素，紫胡蘿蔔的色素為花青素。

通常市面上只看得到胡蘿蔔的根，但其實能連同葉子一起買，葉子也富含β胡蘿蔔素、維生素C與鈣質。

由於根部富含蔗糖，所以有人認為不能餵兔子吃太多，但是β胡蘿蔔素與其他的營養成分實在太過豐富，只要不是需要減少攝取醣質的兔子，適量餵食就沒問題。

當令時節隨產地改變，通常為4～7月、11～12月。

胡蘿蔔葉也有豐富的營養。

旱芹

在日本稱為荷蘭鴨兒芹，自古以來，歐洲與中東就有使用旱芹的習慣，希臘與羅馬甚至出現過將旱芹當成藥材或香料使用的歷史。一般認為，被當成藥草廣泛使用的葉芹是旱芹的原生種。

由於旱芹的香味獨特，有人喜歡，有人難以適應，但喜歡蔬菜獨特香味的兔子通常喜歡旱芹。由於香氣實在濃郁，所以可在餵兔子吃藥時利用（紫蘇也能如此應用）。

旱芹含有豐富的β胡蘿蔔素、維生素C、B群、鈣、鉀、鐵，而且葉子也很有營養，β胡蘿蔔素的含量也很高。一般認為，旱芹具有抗氧化、整腸、利尿、壯陽這類效果。

所含的芹菜鹼具有穩定心神的效果，天然多元聚乙炔化合物則含有抗氧化效果。

當令時節為11～6月。

＜植物化學物質＞

所謂的植物化學物質又稱植物生化素，是植物的成分之一，植物之所以具有獨特的顏色或香氣，通常就是源自這個成分。植物化學物質最廣為人知的就是抗氧化效果。

除了金時紅蘿蔔的茄紅素、紫胡蘿蔔的花青素，番茄的茄紅素、葡萄的多酚、藍莓的花青素、柑橘類的檸檬油精都是植物化學物質之一。

鴨兒芹

一直以來，鴨兒芹都在日本被當成可食用的野草，分成水耕種植與未切掉根部的種類（當令季節為春天到初夏），前者全年都可購得，後者則是在阻絕光線的環境下種植，所以具有白皙柔嫩的質感。

芫荽

俗稱為香菜（cilantro），又名胡荽、英文為「Coriander」。

芫荽富含β胡蘿蔔素、維生素C、B群、鉀、鈣，令人好惡分明的獨特香氣源自己醛這種成分，目前已知具有促進消化的作用。

當令時節為3～6月。

芹菜

產自日本，是春季七草之一，富含β胡蘿蔔素、維生素C與B群，鉀也有相當的含量，散發著獨特的香氣。常被當成藥用植物使用之餘，除了能促進食慾，還有許多療效。

當令時節為冬天、初春～初夏。

明日葉

之所以稱為「明日葉」，是因其生長速度極快，今天摘，明天就長出嫩芽，具有獨特的味道與香氣，常見於日本的房總半島、三浦半島、伊豆諸島這類氣候溫暖的太平洋沿岸地區。

含有豐富的β胡蘿蔔素、維生素C、B群、E、鈣、鐵，為人所知的是抗氧化效果等等。

當令時節為2～5月。

菊科

結球萵苣

是萵苣的一種，常當成料理的配菜使用，所以總被當成配角看待，但其實它是比萵苣還營養的黃綠色蔬菜，富含膳食纖維、β胡蘿蔔、維生素C、鈣、鉀與鐵。

當令時節為4～9月。

紅葉萵苣

是萵苣的一種，也是葉萵苣的同類，葉緣為紅色的萵苣稱為紅葉萵苣。葉緣的紅色源自前述的植物化學物質的花青素。

當令時節為春天到秋天。

＜萵苣的同類＞

萵苣的同類可大致分成萵苣、結球萵苣這類結球類型（葉子結成球狀的類型。結球萵苣會在結球之前收成）、紅葉萵苣或蘿蔓這類不結球的類型（葉萵苣）以及韓國萵苣這類葉子會生長摘取的類型。這些都是萵苣的同類，營養也優於萵苣。

即使同是萵苣，結球萵苣或葉萵苣為黃綠色蔬菜，萵苣與蘿蔓卻不是黃綠色蔬菜。

有許多蔬菜因為營養價不高，水分太多，而被認為不適合「餵小動物吃」，萵苣也因此被歸類為其中之一，但只要適量餵食就不會有太大的問題。過去萵苣曾因具有催眠效果而一時蔚為話題，但其實具有催眠效果的山萵苣苦素只存在於野生的萵苣。

山茼蒿

在日本關西又稱菊菜，β胡蘿蔔素的含量比小松菜、菠菜還高之外，維生素B2、C、鐵、鈣的含量也極為豐富。維生素C的含量由高至低分別為中葉、芯葉、外葉、分枝葉與莖部。

獨特的香氣成分具有放鬆心情、促進消化的效果。

當令時節為晚秋至春初。

唇形科

紫蘇

這裡說的紫蘇是青紫蘇，是用於醃漬梅乾的紅紫蘇的變種，含有豐富的β胡蘿蔔素、維生素C與鈣，香氣成分的紫蘇醛具有抗菌、防腐效果。

當令時節為夏季至秋季。

這兩隻兔子都喜歡吃紫蘇。

◆其他種類的蔬菜

下列也是可以餵給兔子吃的蔬菜。

十字花科：白菜（維生素C與鉀的含量豐富）、塔菇菜（含有β胡蘿蔔素。硝酸鹽的含量豐富）、油菜花（維生素C特別豐富），其他還有山東菜這類蔬菜。

傘形科：香芹（富含β胡蘿蔔素、維生素C、鈣質。不宜在懷孕時期、患有腎臟病的時候攝取）與白芹這類蔬菜。

衛矛科：扶芳藤（當令時節為盛夏。富含β胡蘿蔔素、維生素B群、C、鉀、鈣）。

茄科：番茄（含有抗氧效果強烈的茄紅素。葉子、莖部或是未成熟的果實含有高濃度的番茄鹼，這種成分具有毒素，所以要餵兔子吃的話，請餵熟透的番茄）。

也可以餵兔子吃蔬菜或豆類的嫩芽（嫩芽蔬菜），這類蔬菜的營養價也非常高，例如苜蓿、綠花椰菜、芝麻菜、紫蘇都是中一種。嫩葉蔬菜是蔬菜的嫩葉，目前已有許多蔬菜的嫩葉用來當作兔子的食物。

COLUMN

「為什麼不能餵食水分較多的蔬菜」？

接著讓我們了解一下，為什麼不能餵食水分較多的蔬菜。

一般認為，餵食水分較多的蔬菜會害兔子拉肚子，但是兔子平常就喝很多水，所以水分較多不一定就是害兔子拉肚子的原因（會拉肚子的話，應該還有別的原因）。大量喝水應該是尿量變多才對，吃很多蔬菜也一樣會常尿尿。

如果兔子在吃了蔬菜之後拉肚子，很有可能是因為一下子吃太多，導致腸道菌叢的環境失去平衡，也有可能是因為環境被大量的尿液汙染所導致，所以還是要針對每隻兔子的情況決定餵食量。

吃到很多新鮮蔬菜而開心的兔子！

餵食蔬菜的方法

◆餵食的種類與分量

成兔一天可餵3～4種蔬菜，建議餵食時，先切成方便入口的大小。體重為1公斤左右的成兔，一天大概可以吃一杯量的蔬菜。也有資料指出，蔬菜搭配野草的餵食分量約介於「一個成年人拳頭的大小」。

餵食之前，請先以清水沖洗乾淨，再將水分徹底瀝乾，也要先摘掉變質的部分。

至於用來餵食的餐具，則建議選購有一定重量或是能安裝在籠子側面的款式，避免兔子翻倒餐具。為了避免單一飼料沾到水，建議不要將單一飼料與蔬菜放在同一個容器裡。

基本上，該在消化道蠕動頻繁的傍晚～晚上餵食，晚上可比早上多餵一點。

此外，除了放在餐具餵食，也可像是餵點心般，用手直接餵給兔子吃，藉此與兔子親近。

◆餵食之際的注意事項

□沒吃完的蔬菜要在變質之前丟掉，不要一直放在籠子裡。

□避免大量餵食同一種蔬菜。

□每一天的餵食量應該儘可能平均。

□只要營養均衡，不一定要講究種類的多寡。假設兔子願意吃很多牧草或單一飼料，排便狀態也正常，那麼餵多一點也沒關係。

□從兔子還小的時候就餵食各種蔬菜，讓兔子習慣各種食物。唯一要注意的是，小兔子的消化道還沒發育完全，所以最好等到3～4個月大之後再開始餵食蔬菜。一開始先餵一種蔬菜，同時要控制餵食量，之後再視兔子的健康狀況增加蔬菜的種類。

□成兔與小兔子的腸道環境都會因為餵食內容突然改變而失去平衡，所以在還沒吃習慣蔬菜之前，就算已經是成兔，也要一邊觀察健康狀況，一邊少量餵食蔬菜。

兔子圖案的餐具很可愛吧！

◆餵食蔬菜的平衡

餵食之前，建議觀察各種蔬菜的特徵，讓兔子攝取均衡的營養吧。

一如前述，十字花科的蔬菜具有硫代配醣體這種成分，所以對兔子來說，算是有好有壞的蔬菜，因此要避免只餵十字花科的蔬菜。

蔬菜會從土壤吸收硝酸鹽，對人類來說，硝酸鹽是致癌物質，國外也曾有家長以菠菜作為斷奶食品，結果害嬰兒夭折的案例，目前也有反芻動物因為硝酸鹽中毒的案例，所以日本的農林水產省為了降低蔬菜的硝酸鹽濃度，也特別製作了手冊。一般認為，若是正常的蔬菜量，人類不至於會因此中毒。

硝酸鹽的含量會隨著季節或栽培條件而產生明顯變化，例如沒有曬夠陽光，硝酸鹽的累積量就會上升，所以露天栽培的硝酸鹽含量較低。

蔬菜有很多好處，只要別一直餵硝酸鹽含量較高的蔬菜，應該就不會有太大的問題。

對兔子來說，鈣質是非常重要的營養素，但過量攝取還是不太好，所以千萬別只餵鈣質含量較高的蔬菜。

此外，除了可餵食葉菜類蔬菜，還可以餵胡蘿蔔這種根莖類蔬菜，或是綠花椰菜這類花菜類。一般來說，葉菜類最好能占新鮮蔬菜的75%。

本書試著將蔬菜（包含野草）分類成右圖的六大類，建議大家分別從這六大類挑選要餵食的蔬菜，讓兔子攝取種類均衡的蔬菜。

十字花科
高麗菜、西洋菜、
櫻桃蘿蔔、
綠花椰菜（葉子）、
油菜花、白菜

傘形科
香菜、芹藝、
旱芹、明日葉、
香芹

菊科
紅葉萵苣、
韓國萵苣、萵苣、
蒲公英、苦苣菜、
薊菜

硝酸鹽含量較高的蔬菜
小松菜、芝麻菜、
山茼蒿、旱芹、
青江菜、鴨兒芹、
結球萵苣

鈣質豐富的蔬菜
香芹、蘿蔔葉、蕪菁葉、
胡蘿蔔葉、羅勒、紫蘇、
艾草（小松菜、山茼蒿、
青江菜的鈣質含量也很高）

葉菜類之外的蔬菜
胡蘿蔔（根部）、
花椰菜（花蕾、莖部）

餵食蔬菜的煩惱

◆兔子不肯吃蔬菜

對兔子來說，蔬菜不算是必需食物，但前面也提過，最好讓兔子願意吃蔬菜，所以請多試幾種蔬菜，從中找出兔子愛吃的種類，才能讓兔子願意吃更多種食物。有些葉子會在撕成小塊後，散發出兔子喜歡的香味，而且就算是同一種蔬菜，兔子喜歡吃的部位也不一定一樣（例如有的兔子不愛吃旱芹的莖部，卻喜歡吃葉子）。

一開始可先試著餵食乾燥蔬菜、新鮮牧草或是野草。

不過，如果兔子就是「不肯吃蔬菜」，飼主也不用太過執著，「不餵蔬菜」也是不錯的選項。

◆只吃蔬菜，不吃牧草或單一飼料

兔子當然也能只餵蔬菜，但是要讓兔子長得健康強壯，就得持續餵很多種蔬菜，這可是件很不容易的事情。而且不吃牧草或單一飼料的話，就很難托給動物旅館或動物醫院照顧，當然也很難拜託別人幫忙照顧，遇上天災時，也很難為兔子準備適當的緊急口糧。

每天餵食多種蔬菜固然是好事，但還是盡可能讓兔子願意吃牧草或單一飼料，例如可試著慢慢減少蔬菜的餵食量，讓兔子對牧草或單一飼料產生興趣。若要餵食牧草，建議從新鮮牧草開始餵。如果水喝得不夠，就有可能不吃單一飼料，所以就算因為蔬菜吃得很多而不太喝水，也一定要準備足量的水，有時候甚至可先把單一飼料沾水再餵兔子吃。

市面上的乾燥蔬菜

市面上有很多種乾燥蔬菜，之前介紹的蔬菜也都有乾燥的類型可以選購，不妨餵兔子吃這類乾燥蔬菜，讓牠們享受更多不同的滋味與口感。

乾燥的方式有很多種，例如放在太陽底下接受日曬的方法，或是真空冷凍乾燥，主要的過程是讓冷凍的素材放在真空底下，讓水分因此昇華（從冰變成水蒸氣）。冷風乾燥則是利用乾冷的空氣乾燥蔬菜。

＜乾燥蔬菜的優點＞

・比新鮮蔬菜容易保存

・水分減少後，營養與味道都跟著濃縮，所以甜味更明顯，適口性也更高。

・基於上述原因，纖維也會跟著增加。

＜餵食乾燥蔬菜的注意事項＞

・不好好保存就會受潮或是變質。

・日曬乾燥的類型的維生素A與C會減少。

・由於營養的密度很高，所以得控制餵食量。

蘿蔔乾

胡蘿蔔乾

萵苣

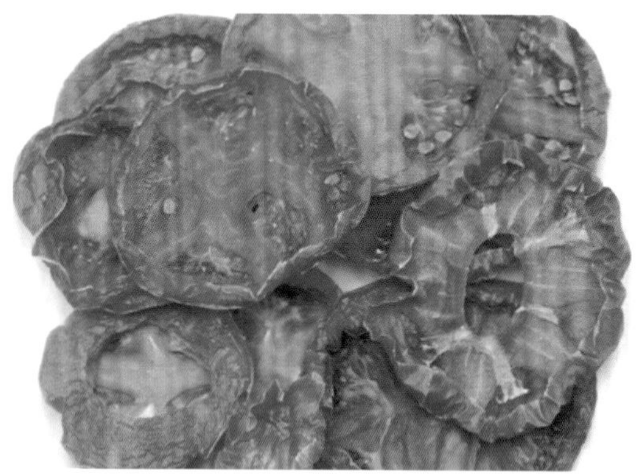

番茄乾

香芹

乾燥白菜

照片提供：兔子尾巴、葉子（Leaf Corporation）

4. 香草、野草類

餵食香草、野草的意義

有些植物被當成藥草使用，而且自古以來，人們就知道這類藥草具有治癒身體的效果。例如在日本神話「因幡的白兔」裡，大國主命就使用蒲草穗治療兔子的皮膚病，而故事裡的蒲草穗就是蒲黃這種藥草。本書接下來要介紹具有療效的香草與野草。

由於具有藥效，所以大量餵食或是餵錯種類，有可能會對兔子的健康造成不良影響，且香草或野草也不是兔子必需的食物，所以就算是藥效溫和的藥草或野草，餵食前也得多幾分謹慎。

話説回來，兔子本來就很常吃野草，所以只要多注意兔子的情況就能餵食。讓兔子吃完正餐後，再將野草少量加在餐點裡，當成營養補充的食物或當成點心來餵，應該就不會有問題。

唯一要注意的是，如果兔子已經生病，還是要先帶到醫院接受診治。有時候香草或野草的藥效會與醫院開的藥物相沖，所以若平常有在餵香草或野草，記得要向醫師報告。如果想利用香草或野草的藥效治療兔子，最好具備一些專業知識，不然也可先向熟悉自然療法的獸醫師請教。

此外，除了餵食新鮮或乾燥的香草，也可將香草做成香草茶或是當成精油使用，但本書介紹的都是以餵食新鮮或乾燥的香草為前提。

本書介紹的效果、療效都是參考各種香草、野草相關資料而來，所以無法保障介紹的香草或野草一定具有相關的效果。

香草、野草的種類與特徵

蘋果薄荷（唇形科）

蘋果薄荷又名毛茸薄荷、香薄荷。薄荷有胡椒薄荷、綠薄荷這些種類，散發著類似蘋果甜美香氣的蘋果薄荷是綠薄荷的同類。

胡椒薄荷具有促進消化、殺菌、鎮痛、心情放鬆這類效果。一般認為，有膽結石問題或是懷孕初期都不可過度攝取。綠薄荷的刺激性較胡椒薄荷來得低，也具有抗菌與鎮痛的效果。

好喜歡薄荷啊。

羅勒（唇形科）

市面上常見的羅勒為甜羅勒，在古希臘被譽為「國王的藥草」，具有促進食慾、抗菌、抑制發炎、利尿、驅風（幫助消化道排氣）這些效果。羅勒的香味成分「艾草醚」屬於致癌物質，應該不可長時間餵食，也不能讓懷孕或哺乳期的兔子過量攝取。

平葉香芹（傘形科）

常當成配菜使用的香芹是捲葉香芹，平葉香芹則是捲葉香芹的變種，葉子呈現平坦的模樣。平葉香芹具有強烈的香氣以及驅風、降血壓、補充營養、利尿這類效果，不適合在懷孕時期與罹患腎臟病的情況下攝取。

洋甘菊（菊科）

洋甘菊在日本又稱「加密列」，主要分成德國洋甘菊與羅馬洋甘菊兩種，但若是只說洋甘菊，大部分是指德國洋甘菊。洋甘菊就是在「彼得兔」的故事裡，小彼得兔的媽媽為了緩解小彼得兔的腹痛所煎的藥。

洋甘菊的花在經過搓揉後，會散發甜甜的蘋果香氣，有助於緩和緊張的心情，也有抑制發炎、抗菌、鎮靜、驅風、緩和痙攣的效果。可在拉肚子的時候使用。懷孕時禁止攝取。

檸檬香蜂草（唇形科）

檸檬香蜂草又名蜜蜂花，也稱為檸檬香草，具有類似檸檬的香氣。在古代曾被當成長生不老的藥物使用，具有鎮靜、鎮痛、抗病毒、調降甲狀腺功能、血壓、緩和痙攣、抗憂鬱、驅風這類作用。懷孕與甲狀腺功能不足時不可攝取。

迷迭香（唇形科）

迷迭香在日本又稱「萬年香」，被認為是具有回春效果的藥草，目前已知，可用來預防人類的阿茲海默症，也具有抗氧化、緩和神經、促進消化、抗憂鬱、緩和痙攣、驅風、鎮痛、促進血液循環、抗菌這類效果。懷孕時不宜攝取。

蒲公英（菊科）

於日本全國自生的代表性野草之一，可分成關東蒲公英、蝦夷蒲公英、關西蒲公英，不同地區有不同的品種，大部分是與西洋蒲公英雜配而成。包覆花朵根部的總苞片（相當於花萼）呈反捲狀的是西洋蒲公英，被當成藥草的則是「藥草蒲公英」（Dandelion）。

蒲公英的葉子富含蛋白質、維生素A、C、鉀、鈣，花朵與葉子也含有葉黃素這種有利眼睛保養的營養素。蒲公英的根部也常被做成「蒲公英根」這種生藥，具有固肝健膽的效果。利用根部泡煮的蒲公英咖啡是常見的無咖啡因飲品。

蒲公英除了具有強烈的利尿效果，還具有降低血糖、抗菌、促進食慾與消化、健胃、抑制發炎、清血等效果。由於具有軟便效果，所以過度餵食會使兔子拉肚子。

苦苣菜（菊科）

常見於村落的路邊或荒地。苦苣菜為苦苣菜屬，別稱為苦菜，另有較大型的鵝仔菜（萵苣屬）。具有淨血、解毒、解熱、消腫、緩和胃食道逆流、保健神經與眼睛的效果。

白花苜蓿（豆科）

又稱白三葉草，常見於公園以及堤防，具有止血、去痰、鎮靜的效果，過度餵食會有腸道脹氣的問題。

同類的紅花苜蓿（紅三葉草）也常被當成藥草使用，具有清血、利尿、去痰、壯陽、緩和痙攣、補充營養、抗潰瘍這類效果。紅花苜蓿不可在懷孕、哺乳、出血、手術前使用。

車前草（車前草科）

在日本全國各地皆可見的野草，整株的車前草常被製成「車前草」這種生藥，種子則常被製成「車前子」。

車前草富含維生素C、A、K，具有收斂（讓蛋白質變性，進而讓組織或血管收縮的效果）、止血、鎮痛、消炎、抗菌、抗病毒、抗腫瘍、抗氧化、潤滑體內黏膜、鎮咳、利尿這類效果，懷孕時，禁止攝取種子。

被當成藥草使用的洋車前草是同類的長葉車前草之一，而長葉車前草具有抗菌、抗病毒、抗氧化、鎮痛、緩和痙攣的效果。

一看到整片的白花苜蓿就忍不住咬一大口。

繁縷（石竹科）

繁縷算是為人熟知的野草，常自生於日照充足的路旁或草原，也是日本七草之一。由於常用來餵鳥吃，所以又稱雛草（小鳥草），當成藥草使用時又稱為鵝腸草。具有鎮靜、保護黏膜、利尿、壯陽、止血、鎮痛、抗菌、解毒這些作用，被認為是可安全使用的藥草。

薺菜（十字花科）

常見於路旁、旱田、草原這類日照充足的場所，也是日本的春季七草之一。存放種子的心型袋子很像是日本樂器三味線的琴撥，又因為三味線的聲音所以在日本被稱為「benben草」。當成藥草使用時，又稱為「牧羊人的錢包」。

具有抗菌、殺菌、利尿、消炎、收斂、止血、壯陽、降低血壓、促進血液循環、解熱、子宮收縮這些效果，也能有效緩解下痢的問題。不宜在懷孕期間攝取。

艾草（菊科）

常於荒地或堤防叢生，自古以來就被做成艾草麻糬或是艾灸的藥材使用。當成生藥使用的葉子就稱為「艾草」，具有抗菌、消炎、鎮痛、收斂、止血、促進血液循環、降低血壓的效果。

◆其他的香草與野草

金盞花（Pot marigold）：菊科。在日本也稱為「Marigold」或「Calendula」，具有抑制發炎、抗菌、鎮痛、驅風、解毒的效果，屬於可食用花之一。不宜於懷孕初期攝取。

鼠尾草（Common Sage）：唇形科。在日本稱為藥用鼠尾草，被認為是一種能延年益壽的藥草，具有抗氧化、抗真菌、抑制發炎、抗菌、收斂、抑制痙攣、驅風、促進消化的效果。不宜於懷孕期間攝取。

紫錐花：菊科，又名紫錐菊，具有強化免疫力、抗菌的效果。要注意的是，紫錐花的療效會與類固醇藥品或抗生素的藥效互相抵銷。

百里香：唇形科。在日本又稱「麝香草」，具有抗菌、驅風、抗痙攣、鎮咳、去痰、收斂、驅蟲的效果。不宜於懷孕期間攝取。

小茴香：傘形科。在日本又稱「茴香」，具有排出腸道脹氣、緩和胃痙攣、促進母乳分泌與消化、補充營養、抗菌、鎮咳、緩和痙攣等效果。

覆盆子葉：薔薇科。覆盆子是樹莓的同類，具有鎮靜、緩和痙攣、收斂、補充營養、利尿、軟便的效果。不宜於懷孕期間攝取。曾有資料指出，不可餵食未經徹底乾燥的葉子，所以若要餵食兔子，建議選用新鮮或徹底乾燥的類型。

玉米鬚：禾本科。顧名思義，就是玉米的鬚，具有利尿、保護黏膜、抑制發炎、強化肝臟功能、收斂的效果。不宜於懷孕期間攝取，若已有腎臟方面的疾病，更是不宜過度攝取。

奧勒岡：唇形科。在日本稱為花薄荷，具有緩和痙攣、去痰、促進消化、鎮痛、抗菌、解毒、壯陽、利尿、驅風的效果，過度攝取有可能會刺激子宮收縮。

其他還有西洋蓍草（洋蓍草）、白茅、羊蹄草、薊菜、酸模、山白竹、狗尾草、蔓苦蕒（地縛）、糯米草、白頂飛蓬、鼠麴草（佛耳草）、小鬼田平子（就是日本七草之中的寶蓋草，但寶蓋草其實是另一種植物），都可以餵給兔子吃。

餵食香草、野草的方法

□一天的餵食量請控制為「少量」。

□第一次餵食時，請控制為「極少量」，並且觀察兔子有無異常。

□不要連續大量餵食單一種類。

□若是希望達到食療的效果，請務必先徹底了解該香草或野草。建議以餵5天、停餵2天的循環餵食，也必須先洽詢獸醫師。

□如果平日就常餵食香草或野草，帶到動物醫院治療時，請記得先向醫師報告。

□野草的採集注意事項請參考110頁。

市售的乾燥香草、野草

市面上有許多乾燥香草與野草，但餵食之際，仍要注意66頁提及的注意事項，有藥效的香草或野草的餵食量切勿高於一般的蔬菜。

鼠尾草

檸檬香茅

胡椒薄荷

蒲公英的花

艾草

薺菜

照片提供：Leaf Corporation

5. 其他種類的食物（水果、穀類、樹葉）

餵食其他食物的意義

除了牧草、單一飼料、蔬菜、香草、野草，能餵兔子吃的食材還有很多，在此為大家介紹幾種水果、穀物與樹葉。這些雖然不是「非餵不可」的食物，卻能讓兔子的飲食生活變得更多彩多姿，而且讓兔子願意吃更多種類的食物，絕對是件再好不過的事。如果能從中找出兔子很愛吃的食物，之後也能當成點心餵食，享受與兔子互動的樂趣。

其他食物的種類與特徵

◆水果

大部分的兔子都喜歡吃適口性較高的水果，而且水果通常很營養，具有抗氧化效果的維生素C就是其中之一，其他營養素的含量也很高，對人類來說，也有各種養生的功效。

市面上有許多可餵給小動物吃的水果乾，其特性很像是66頁介紹的「乾燥蔬菜」，換言之，味道非常濃郁，適口性也很高，相對的醣分也增加，所以餵食的時候，要特別注意醣分的多寡。

蘋果乾

蘋果（薔薇科）

蘋果算是常餵給兔子吃的水果之一，也是人類最古老的水果，在歐洲甚至流傳著「一天一顆蘋果，醫生遠離你」的諺語，可見蘋果的營養何其豐富。蘋果多酚具有抑制脂肪囤積、抗氧化、整腸、消炎這類效果。

蘋果的品種非常多，口感、甜味、酸味也各有不同，日本較為有名的品牌為富士、津輕、約拿金（紅龍蘋果），黃皮的品種則以「王林」最為有名。約拿金這類蘋果的表皮看似有很多斑點，但其實那是來自天然的脂肪酸，也是熟透的象徵。有些品種會在熟透時，產生山梨糖醇這種甜味成分。如果要餵給兔子吃，請先將種子剔掉。當令時節為9～11月。

比起新鮮的蘋果，蘋果乾更受歡迎。

草莓（薔薇科）

草莓的維生素C含量在眾多水果之中，也算是名列前茅，而且還含有花青素與多酚，尤其多酚具有抗氧化效果。除了常見的紅色之外，還有表面為白色的等等其他品種。由於花青素蘊藏於紅色色素裡，所以白色品種的花青素含量似乎較低。若要餵給兔子吃，可連同蒂頭一起餵。當令時節為5～6月（露天栽植的品種）。

除了新鮮的草莓之外，也能餵食草莓乾與冷凍乾燥的草莓。

草莓乾

香蕉（芭蕉科）

可快速轉換成熱量的香蕉含有豐富的維生素B群、鉀、鎂與膳食纖維，也含有抗氧化效果明顯的多酚。

日本的新鮮香蕉多從菲律賓、厄瓜多爾、台灣進口。由於香蕉的糖分較高，口感較黏，不適合經常餵兔子吃，但是用途很多，尤其適口性很高這點，非常適合把藥粉摻在裡面再餵給兔子吃。

除了黃色的香蕉之外，還有另一種青香蕉。日本進口的香蕉多數是呈青色，尚未熟透的狀態，之後再於日本催熟。熟成之前的青香蕉含有澱粉質與抗解澱粉，這兩種澱粉都無法於小腸消化，會直接進入大腸產生益菌元（參考82頁）。醣質則較成熟的香蕉為低。

除了新鮮的種類，還有香蕉乾（以成熟的香蕉或青香蕉製成）。

香蕉乾

木瓜乾

木瓜（番木瓜科）

木瓜含有豐富的維生素B群、鈣與鉀，未成熟的木瓜（青木瓜）還含有木瓜酵素。成熟後，維生素C會增加，β胡蘿蔔素也因此變得豐富。

若要餵兔子吃木瓜，通常會餵市售的木瓜乾。

芒果（漆樹科）

富含維生素C、β胡蘿蔔素、葉酸與鉀。未成熟的芒果（青芒果）含有較多的維生素C與多酚，成熟的芒果含有較高的β胡蘿蔔素與花青素。

市面上也有很多種類的芒果乾。

芒果乾

正一口一口吃著蘋果呢。

p72～p76的乾燥食物照片
由うさぎのしっぽ、リーフ（Leaf Corporation）提供

鳳梨（鳳梨科）

鳳梨富含維生素C、鈣、膳食纖維，而成熟的鳳梨含有分解蛋白質的鳳梨酵素（加熱超過60℃就會消失），也有很不錯的抗氧化效果。

通常餵給兔子吃的是鳳梨乾，但也可以餵新鮮的鳳梨。

鳳梨乾

紅棗（鼠李科）

紅棗就是中藥裡的大棗，具有壯陽、利尿、鎮靜這類效果，也含有豐富的鉀、葉酸這類礦物質。

要餵紅棗的話，通常會餵兔子吃市售的乾燥紅棗。

乾燥紅棗

藍莓（杜鵑花科）

藍莓的維生素C含量非常豐富，而目前已知，多酚之一的花青素具有抗氧化效果，目前也正在研究藍莓是否具有抗腫瘍、降低血壓、血糖、緩和腦神經障礙這類效果。

除了新鮮的藍莓之外，也能餵乾燥的藍莓。

乾燥藍莓

無花果（桑科）

目前已知的是，膳食纖維豐富的無花果具有整腸效果，也含有無花果蛋白酶這種分解蛋白質的酵素，也因為含有花青素而具有抗氧化效果。人類常吃的是無花果乾。含有豐富的鈣、磷與鉀。

餵兔子吃的通常是市售的無花果乾。

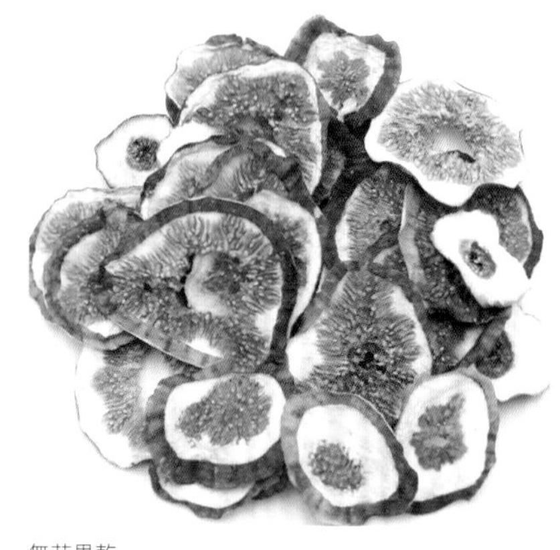

無花果乾

其他水果

其他能餵給兔子吃的水果還有梨子、櫻桃、桃子、橘子與其他的柑橘類。哈蜜瓜、奇異果、柿子，也都是選項之一。

不過，水果的醣質通常很高，要餵也只能餵一點點，大概就是飼主吃水果的時候，分一點點給兔子的量。

柑橘類的水果通常含有豐富的維生素C或β胡蘿蔔素，營養價也很高，曬乾的橘皮在中藥稱為「陳皮」，具有健胃、驅風、鎮咳這類效果，但是若讓兔子吃太多，會害兔子拉肚子。

此外，請盡量不要讓兔子吃到水果的種子。

◆穀類

市面上有許多兔子專用點心的加工穀物。穀類是適口性極高又富含碳水化合物、脂質、蛋白質的食材，也因為營養價如此之高，餵太多會害兔子變胖，也無法吃完盲腸便，所以最好將穀物當成營養補給品或是點心就好。

全粒穀物分成帶殼與不帶殼這兩種，另外還有「壓扁」的類型。這種類型指的是經過加熱與加壓的步驟，壓成片狀的穀物。加熱可讓穀物變得更容易吸收。

壓成片的大麥

脫殼後的燕麥

◆樹葉

兔子也能吃各種不同的樹葉，有的很有營養，有的則已經做成乾燥食品上市。

此外，野生兔子在綠意淡薄的秋季與冬季會吃落葉與樹皮填飽肚子，所以在此介紹的落葉也是牠們會喜歡吃的種類。如果要撿落葉來餵兔子，記得先查清楚落葉的種類。

櫸樹的落葉

麻櫟的落葉

乾燥的栗樹樹葉

葛葉（豆科）

葛葉是秋季七草之一，根為葛根湯的原料，葉子的部分可餵給兔子吃。具有促進血液循環、解熱、鎮痛這類作用，也能促進消化器官運作。

乾燥的葛葉

當成點心餵食的葛葉

枇杷葉（薔薇科）

當成中藥使用的枇杷葉具有鎮咳、去痰、利尿、健胃這類效果，雖然正面看似光滑，但背面卻細毛密布。如果摘取的是新鮮的葉子，請先經過乾燥與刮除背面細毛的處理再餵給兔子吃。

熟透的枇杷其實也可以餵給兔子吃，但是還沒熟透的時候，果實與種子都會殘留扁桃苷這種毒性成分，所以不宜餵食。

此外，葉子也含有扁桃苷這種成分。對人類來說，含有這種成分的葉子可以當成中藥藥材使用，也能用來泡茶，促進健康，目前也有不少人餵兔子吃枇杷葉，所以只要適量餵食，應該不會有太大問題。

乾燥的枇杷葉

利用葉子與兔子互動

桑葉（桑科）

桑樹的英文為mulberry，近年來因為能幫助人類預防生活習慣病而備受注目。桑樹的果實「桑椹」也能餵給兔子吃，市面上也有乾燥的桑葉，當然也能自行採集再餵給兔子吃。葉子在中藥稱為桑白皮，具有解熱、鎮咳、降低血壓、利尿以及其他效果，也含有抗氧化的多酚。成分之一的果膠質與寡糖能供給腸道細菌能量，而果實的桑椹則具有壯陽與鎮痛的效果。

乾燥的桑葉與桑椹

其他食物的餵食方式

□一天的餵食量不用太多，尤其糖分較高的水果，餵太多會害兔子變胖。

□第一次餵食時，分量應控制在極少量的範圍，也要觀察兔子有沒有異狀，大便的狀況是否與健康的時候一樣。

□可作為中藥藥材的食材與香草一樣，都不能過度餵食，也不要因為兔子願意吃而大量餵食同一種食材。

□如果餵食的對象是幼兔，最好等到出生3～4月之後再餵，尤其富含澱粉質的穀物會對幼兔的消化道造成負擔。

□採集樹葉時，必須注意是否含有農藥。

6. 水

餵足清水的重要性

◆水是生物不能缺乏的重要元素

水是生物維持生命不可或缺的元素，動物的身體有60～70%為水分，大部分存於細胞之中，其他的則分布於細胞之外的組織、血液、淋巴液以及身體的每個角落。

水分的來源除了食物或飲用水，還包含體內的代謝水。所謂的代謝水是指營養素經由化學反應於體內轉換成熱量之際所產生的水。

體內的水分會隨著呼吸或從皮膚蒸發，還會隨著唾液與糞便排出（若是會流汗的動物，流汗也會導致水分流失）。

◆水的功能

水在生物體內發揮許多功能，例如搬運身體所需的營養素或酵素、協助分泌與排泄，抑或幫助消化、吸收、代謝營養素，此外，水還能促進酵素反應以及其他的化學反應，當然也是血液的成分之一。再者，水能讓皮膚保持彈性，也是為身體組織減緩外來衝擊的體液，同時能讓關節保持靈活以及維持體溫。

假設水分攝取不足，就會出現脫水症狀、血液濃度過高、尿液不足，無法排出老舊廢物與無法調節體溫的問題。如果長期水分攝取不足，也很容易出現腎衰竭的問題。一般認為，動物體內的水分不可流失超過15%，否則就會有生命危險，若是超過20%則可能死亡。

◆兔子與水

一般認為，體重介於1公斤左右的兔子，每天需要喝50～100毫升或120毫升的水。假設大量攝取新鮮蔬菜這類水分較多的食物，飲水量就會變少，反之，若是攝取水分較少的食物，飲水量就會增加。攝取高纖、高蛋白的食物，飲水量也會增加。高溫、空氣乾燥的環境與懷孕期、哺乳期都會增加飲水量，體型大小、健康狀態、壓力也會造成飲水量的增減。

如果兔子的水分攝取不足，除了會發生前述的問題，日常生活也可能出問題，例如胃腸蠕動變慢、食慾不振，不進食也會造成消化道遲滯的問題。若是夏季，則有可能中暑。有小孩的母兔也有可能出現母乳分泌不足的問題。

請每天為兔子準備乾淨、新鮮的水。就算每天餵很多新鮮蔬菜，導致兔子少喝水，也要準備足夠的水，讓兔子想喝隨時喝得到。

水是生物不可或缺的重要元素。

可以餵兔子喝的飲用水

◆自來水可直接餵

日本的自來水必須通過病菌、無機物質、重金屬、常見有機化學物質、農藥這類細項的水質檢查，是全世界少數自來水可以生飲的國家。目前日本的水質基準為「體重50公斤的人，每天飲用2公升，連續飲用70年也不會危害健康」的標準。

為了顧及衛生，自來水通常會先消毒，水中也因此殘留氯。自來水之所以能夠生飲，全因先經過消毒，但水中的氯還是不免讓人在意（會有氯臭），此時不妨先蓄水或是先煮沸再使用。

雖然自來水本身不會有什麼太大的問題，但是水質還是有可能因為自來水管或水塔而變差。

◆蓄水

若想去除水中的氯，可先利用開口較大的容器（例如臉盆）蓄水，等待一晚再使用，若能曬到太陽，或許能進一步消除氯。

◆製作放涼的開水

除了氯之外，若擔心三鹵甲烷這種致癌物質殘留，可先煮沸再餵兔子喝。利用茶壺或鍋子煮滾後，打開蓋子與抽風機，轉成小火煮10分鐘即可。要注意的是，若只煮5分鐘，三鹵甲烷反而會增加。

煮開後，在室溫底下放涼，即可餵兔子喝。

◆使用濾水器

在自來水水管安裝濾水器，就能利用活性碳或濾水膜過濾自來水的氯或三鹵甲烷，市面上也有方便好用的濾水壺。濾心可提早換，也要時常清潔水管。

◆餵飲水機的水

飲水機的水通常是礦泉水、RO水（特殊過濾的純水）、或是在RO水添加礦物質的水，而且以軟水偏多，所以能餵兔子喝。

◆餵礦泉水

也可以餵礦泉水，但建議餵礦物質含量較低的「軟水」，而不是含量較高的「硬水」。

◆餵寵物專用水

市面上有一些專為寵物設計的水，減少鈣含量的兔子專用水就是其中一種。

餵水的方法

一般會以飲水器餵水，好處是能避免食物的碎屑、脫落的兔毛、排泄物、灰塵掉入水中，讓兔子能隨時喝到乾淨的水。建議最少一天換一次水。

如果兔子不知道該怎麼從飲水器喝水，或是因為年老、身體不適而無法喝到水，可將飲水器改成給水盤或是改用盤子餵水。

水也會影響兔子的食慾，請務必隨時為兔子準備乾淨的水。

COLUMN

硬水與軟水

在測量水質的度量衡之中，有一項是根據鈣鎂含量作為標準的「硬度」，硬度較高（礦物質含量較多）的水稱為硬水，硬度較低（礦物質含量較少）的水稱為軟水。

WHO（世界衛生組織）將每公升硬度高於120毫克的稱為硬水，120毫克以下的稱為軟水，日本則將硬度低於100毫克的水稱為軟水。

常聽到「不可以餵兔子喝礦泉水」這種說法，但如果餵的是軟水，就不會有問題。即使是市面常見的礦泉水，硬度也只在30毫克左右，有的礦泉水的硬度甚至比日本的自來水（硬度的目標值為10～100毫克，東京都的水通常為60毫克）還低。

軟水的礦泉水（前述的礦泉水為0.6～1.5毫克）在鈣含量的方面通常比日本全國的自來水來得低（100公克之中有1.27毫克），所以可餵兔子喝。

如果兔子有結石或禁止攝取過多鈣質的問題，就需要先查清楚礦泉水的成分，或是與熟悉的獸醫師洽詢。

寵物專用水

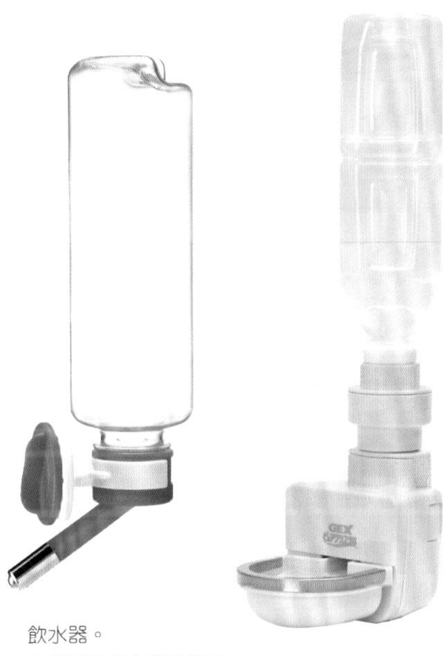

飲水器。
右側是有接水盤的類型。

◆餵水的注意事項

□安裝新的飲水器，或是放置新的容器時，建議放在方便喝的位置（不要太高或太低），也要確定飲水器裡的水不會滴到裝單一飼料的容器裡。

□如果發現兔子沒喝飲水器的水，有可能是因為兔子不知道飲水器會出水，此時可用手指壓一壓出水口，讓兔子知道這裡有水喝。如果兔子還是學不會，可在出水口沾一下水果的果液或是其他食物的汁液，誘導兔子喝飲水器的水。

□換水之後，請務必按一按飲水器的出水口，確認出水順暢。

□有時候食物殘渣會往飲水器逆流，所以換水的時候，請一邊用水沖洗噴嘴的部分，一邊按住出水口清洗。

□每次換水都應該沖洗飲水器的瓶子，或是稍微殺菌、漂白以及利用牙刷刷洗內側，確保瓶子乾淨。否則當水中殘留著食物碎屑、營養補充食品或是其他雜物，就很可能會孳生細菌。有時候不妨將可拆解的部分拆下來清洗。

□年老的兔子會因關節疼痛、呼吸道疾病這類問題而無法喝到飲水器的水，此時不妨換成盤子類型的飲水器，讓兔子隨時能喝到足夠的水。

□如果是以盤子餵水，建議水一髒就換水，不然很容易就被食物殘渣、排泄物、掉毛汙染。

利用盤子代替飲水器，讓兔子順利喝到水。

□如果是以盤子餵水，兔子的下巴很容易弄溼。此時若是環境不夠衛生，有可能會害兔子染上濕性皮膚炎，所以千萬要多觀察兔子的情況。

□請每天觀察兔子的飲水量，不用太精準也沒關係。每天在同一個時間餵一樣的水量會比較容易確認飲水量。假設食物、室溫、運動量都沒有明顯的不同，飲水量卻出現異常，就有必要進一步確認兔子的健康狀況。

□如果兔子不喝水，千萬別誤以為是「因為吃太多蔬菜，所以不用喝水」，要有危機意識，想想兔子是不是因為身體痛、牙齒有問題，所以才不喝水，然後帶去檢查身體。

□如果飲水器的水量大幅減少，請先觀察是兔子真的喝了這麼多，還是撒出來很多水。如果真的喝了很多，尿量也很多的話，建議帶兔子去醫院接受診治。

COLUMN

以備不時之需的運動飲料

能快速補充身體流失的水分或鈉這類電解質的飲料一般稱為運動飲料，在身體不適，無法攝取足夠的水分或處於移動與其他高壓環境下的情況，可以餵兔子喝這種運動飲料。

通常不會在平日或兔子健康的時候餵運動飲料。由於運動飲料摻了能快速轉換成熱量的葡萄糖，口味算是甜甜的，所以不能讓兔子喝太多。但如果要讓兔子記住味道，不妨偶爾餵看看，也能放進緊急避難包裡備用。

若兔子因為拉肚子而脫水，可試著餵餵看這類運動飲料，但在餵飲料之前，最好先帶去動物醫院接受診治。兔子無法自行喝水時，也不要硬灌，否則會造成危險。

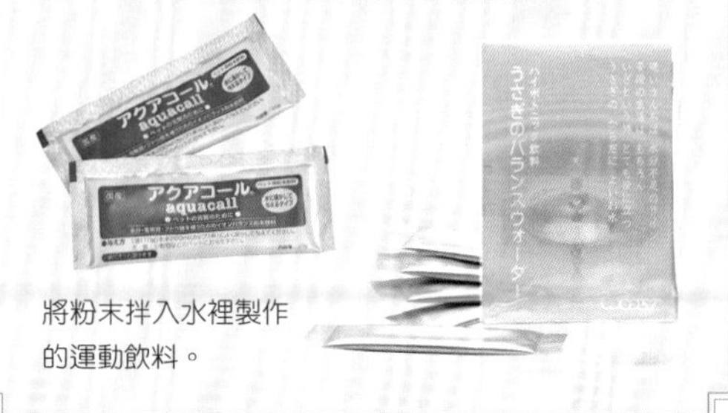

將粉末拌入水裡製作的運動飲料。

7. 營養補充食品

什麼是營養補充食品？

市面上有許多能餵兔子吃的營養補充食品，也有許多飼主利用這類產品照顧兔子的健康。

説到營養補充食品，很多人可能會立刻想到「照顧健康的食品」，但其實目前沒有營養補充食品的具體定義。若以人類的營養補充食品為例，定義大概會是「有別於一般食品，將特定成分濃縮為藥錠或藥丸形狀的產品」。由於營養補充食品不是藥品，所以不能標示藥效，不過只要取得特定保健食品的證明，就能標示某種程度的療效。

寵物的營養補充食品也沒有明確的定義，但大概就是補充日常攝取不足的營養，或是透過各種機能性成分照顧健康的產品。只要不是動物專用的藥品，一樣不能標示具體的藥效。

此外，如果要餵貓狗吃貓狗專用的營養補充食品，該營養補充食品必須符合寵物食品安全法或是寵物食品標示相關的公正競爭規範。

以60種香草的菁華培育的酵母營養補充食品，可保護皮膚與體毛的光澤，也能增強免疫力。

以鳳梨蛋白質分解酵素的鳳梨酵素為主成分，可照顧腸胃健康。

以植物胎座、繡球菇、洋菜寡糖為主要成分，可強化自我治癒能力。

以長時間、繁瑣的步驟乾燥與提升活性的乳酸菌。具有整腸與提升免疫力的效果。

成分100%天然的營養補充食品。蔓越莓與蒲公英葉子能全面強化泌尿系統。

上述都是可餵兔子吃的營養補充食品。請詳讀相關的療效與效果。

餵兔子吃營養補充食品的目的

在餵營養補充食品之前，必須先思考好好照顧兔子這件事。充足的牧草與適當的飲食是兔子健康的基礎。前面提過「補充從平日飲食不易攝取的營養」，這個問題只需要餵食單一飼料就能解決。換言之，不餵營養補充食品，也能讓兔子活得健健康康，所以「不需餵兔子吃營養補充食品」也是非常正確的論點。有些動物醫院會銷售一些經過科學認證的營養補充食品，但不是所有的營養補充食品都有益兔子的健康，有些吃了毫無益處。基於這個理由，才會出現上述不需要餵營養補充食品的論點。

即使營養補充食品不那麼必要，但還是有不少飼主想餵吧。這些飼主應該是希望「利用營養補充食品的各種機能性成分照顧兔子的健康」，讓兔子活得更健康長壽。

吃飽後，就開始想睡覺了…

COLUMN

乳酸菌營養補充食品

讓兔子的消化道保持健康是件非常重要的事，而為了這個目的，飼主可餵兔子吃乳酸菌的營養補充食品。接下來就從乳酸菌營養補充食品的說明之中，挑出益生菌、益菌元、共生質、益源質這幾個常用字眼介紹，請大家在挑選乳酸菌營養補充食品時，參考下列的說明。

益生菌的定義是「平衡腸道細菌生態，調整生理功能的活菌」（※）。其中的活菌就是乳酸菌、比菲德氏菌這類活菌，優格也是其中一種。目前已有許多益生菌相關研究正在進行。一般認為，腸道的益生菌為了避免來自外部的細菌在腸道菌叢紮根而會被排出體外。

益菌元是促進腸道細菌活性的物質，相關的定義為「促進大腸好菌增生，抑制壞菌增殖，藉此淨化腸道以及讓生理調節機能正常發揮的低消化性食品成分」（※），也就是寡糖或膳食纖維這類物質。

益生菌與益菌元混合而成的物質之中有一類稱為共生質。

於近年問世的則是益源質，其定義為「直接或間接透過腸道菌叢產生強化免疫、降低膽固醇、血壓、整腸、抗種瘍、抗血栓、造血這類生理調節、疾病預防、延緩老化效果的食物成分」（※），當成營養補充食品攝取可整頓腸道環境，還有助於健康。最具代表性的為乳酸菌生產物質，這是一種可於腸道產生乳酸菌的成分。植物性多酚、維生素也是益源質之一。

（※）節錄自「益生菌的歷史與進化」

挑選方法與餵食方式的注意事項

☐市面上有許多營養補充食品，有的經過科學認證，有的卻沒有。選購時，除了仔細閱讀產品說明，還得查清楚使用的食材，積極地收集產品相關的資訊。

如果是為了人體設計的營養補充食品，可於日本國立健康營養研究所的『「健康食品」的安全性、效果資訊』＜https://hfnet.nibiohn.go.jp/＞這類官方網站參考相關資訊。

☐假設家中兔子正在接受疾病治療或是有一些老毛病，抑或處於懷孕期或哺乳期，但是又想餵營養補充食品，建議先諮詢熟悉的獸醫師，尤其是兔子正在進行藥物治療時，更需要事先確認。

☐挑選營養補充食品時，除了參考同好的評價，還要根據兔子的生活環境、健康狀態、個體差異挑選。

☐除了餵食市面上的營養補充食品，也可餵一些具有抗氧化效果或是能促進健康的蔬菜、野草、香草、水果，代替營養補充食品。

☐挑選營養補充食品的時候，也要先確認原料。做成藥錠形狀的營養補充食品通常會利用澱粉質固形，有的也含有較高的糖質，餵食之前必須先確認這部分的原料。

☐千萬不要因為餵了營養補充食品而忽略病情，錯過治療的黃金時期。

☐謹守營養補充食品包裝記載的建議餵食量。

☐若要餵幼兔吃營養補充食品，最好等到出生後3～4個月再開始（除非獸醫師另有指示）。

☐如果餵了營養補充食品發現兔子出現異常狀況，請停止餵食，並帶到動物醫院接受診治。

COLUMN

兔子的營養補充食品問卷

請問有餵家裡兔子吃營養補充食品嗎？
都餵哪些種類呢？
（網路問卷。總回答數為44）

有在餵營養補充食品嗎？

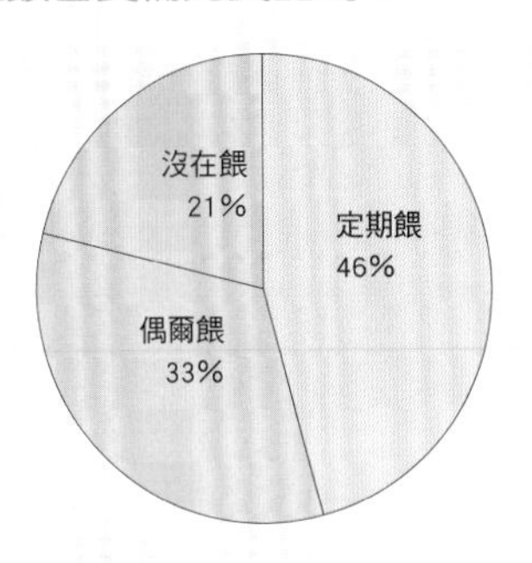

都餵哪些種類？（可複選）

種類	數量
提升免疫力與自我修復能力的種類	25
乳酸菌	23
非乳酸菌，但有助腸胃正常運作的種類	17
綜合營養補充食品	9
讓毛色變得鮮豔的種類	1
強化泌尿器官功能的種類	1

都餵幾種營養補充食品？

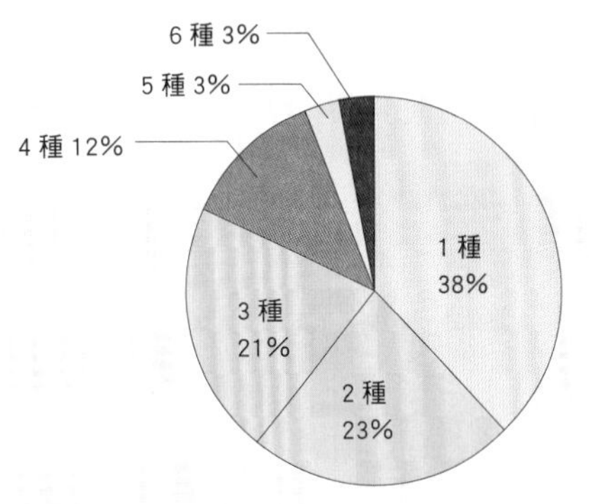

從問卷可以得知，約有八成的飼主會以不同的方式餵家中兔子吃營養補充食品。至於「都餵哪些種類」的問題，只餵一種的雖然是多數，但是餵食超過兩種以上的數據加總後，便可看出餵食多種營養補充食品的飼主約占六成。換言之，大部分的飼主都餵超過一種以上的營養補充食品，其中又以提升免疫力、自我修復能力的營養補充食品居多，但是加總乳酸菌與幫助胃腸健康的非乳酸菌種類的數字後，可發現這部分才是飼主最常餵食的種類，可見大部分的飼主都很在意兔子的消化器官是否健康。

COLUMN

我家的餐桌「菜色篇」

本書試著問了問飼主平常都餵兔子吃什麼東西，餵食量又有多少，也在此整理了一些資料。這次要另外介紹的是，飼主都花了哪些心思設計兔子的飲食，從中也可以窺見飼主對兔子的疼愛。

兔子的姓名

性別、年齡、體重、品種

①主要的牧草
②餵幾種單一飼料？餵食量有多少？
③餵幾種蔬菜？餵食量有多少？
④飼主的意見

PON太郎

雄性
2歲
1公斤
荷蘭侏儒兔

①提摩西一割
②1種　16公克／日
③沒餵食
④從發育期開始，吃東西就吃得很有個性

就算是發育期，有些兔子吃很多單一飼料，有的只吃一點點，個體的差異之大，讓我非常驚訝。（＊tamaki＊）

南瓜

雄性
3歲
1.3公斤
荷蘭侏儒兔

①提摩西一割
②2種　30公克／日
③1～3種左右　半杯／日
④在固定的時間餵食，讓兔子覺得安心

為了讓兔子感到安心，每天都在固定的時間餵時固定的量。我在睡覺之前，會餵一些木瓜乾，這也是我跟兔子説晚安的方式。（ayabi）

綿花

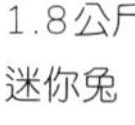

雄性
5歲
1.8公斤
迷你兔

①沒餵食
②4種以上　20公克／日
③1～3種左右　半杯以下／日
④定期保養牙齒

從三歲開始就不吃牧草，所以都餵綜合的單一飼料，也帶去給人定期磨牙齒。（asari）

豆豆

雄性
1歲
1.1公斤
迷你兔

①提摩西一割
②沒餵食
③1～3種左右　半杯以下／日
④停餵單一飼料，肚子的狀況改善

之前餵食單一飼料的時候，兔子的大便形狀不太對，也很容易拉肚子，但是改成只餵提摩西之後，就很少拉肚子了。（hironori）

佳凜

雌性
4歲
1.5公斤
荷蘭混血兔

①提摩西一割
②2種　12公克／日
③4～6種左右　半杯／日
④提摩西的批次不對就拒吃

曾經提摩西的批次不對就拒吃，但還是會吃其他的提摩西，所以只好將不同的提摩西牧草拌在一起。（佳凜媽媽）

法比

雌性
10歲
1.4公斤
美國垂耳兔

①提摩西三割
②1種　25公克／日
③1～3種左右　半杯以下／日
④一次給一堆三割的牧草

不太愛吃一割的提摩西，所以改餵三割的。總是把牧草堆成一座小山餵，也時時換成新牧草。（yukari）

皮斯

雄性
3歲
1.06公斤
荷蘭侏儒兔

①高纖維牧草
②1種　20公克／日
③1～3種　半杯以下／日
④換掉主要的牧草之後，大便的形狀就正常了

牠不太愛吃提摩西一割，所以換成高纖維牧草，大便也跟著變大顆了。（tomo☆）

小手毬

雄性
12歲
2.4公斤
荷蘭垂耳兔

①提摩西一割
②1種　兩小撮／日
③1～3種　半杯以下／日
④感謝牠活這麼久，多餵牠愛吃的東西

現在主要是餵牧草，但因為牠已經很老了，所以也餵牠吃水果乾或其他愛吃的東西（JUN）

兔子

雌性
1歲
1.2公斤
海棠兔

①提摩西二割
②1種　8公克／日
③1～3種　半杯左右／日
④討厭提摩西，卻喜歡牧草丸子

不太愛吃提摩西，但是沒什麼食慾時，餵牠吃牧草粉捏的丸子就會吃。（yuka）

阿千

雄性
4歲
1.8公斤
米克斯兔

①提摩西一割
②3種　8公克／日
③1～3種　半杯左右／日
④要注意餵食的時間

一次餵太多有可能會讓牠的胃不舒服，所以減少單一飼料的量，也會在吃飯時間放一些野草或蔬菜。（mon）

小白

雌性
2歲
1.8公斤
荷蘭垂耳兔

①提摩西
②2種　10公克／日
③1～3種　半杯以下／日
④隨時補充嚴選的牧草

我家兔子只吃美食，所以得隨時補充牧草，而且得是精選的牧草。（mashimamu）

※上述為2019年5月的資訊。

COLUMN

我家的餐桌「巧思篇」

這次我們問了許多飼主，對兔子的飲食都有哪些煩惱，又透過哪些巧思解決。餵兔子吃飯總是會遇到許多麻煩，但大部分的飼主似乎都為家中兔子花了不少心思解決。接下來就為大家介紹這些飼主是怎麼照顧兔子的健康吧。

兔子的姓名

性別、年齡、體重、品種

餵食兔子的煩惱與巧思

可可亞

雌性

3歲

2公斤

垂耳兔

讓牠吃不膩

單一飼料的巧思

我通常會把三種單一飼料混在一起餵，但還是遇過同一種飼料的比例太高，害牠不想繼續吃的情況。在那之後，我偶爾會調整一下三種飼料的比例，以免牠吃膩。單一飼料是一天餵14公克，也會餵牧草、蔬菜或是香草。牠不愛吃提摩西一割的牧草，卻很愛吃二割或三割的。其實我很希望牠能吃一割牧草，也曾收集各種一割的提摩西，但很可惜的是，牠全部不吃。（可可媽媽）

艾瑪

雌性

2歲

940公克

荷蘭侏儒兔

用心挑選

安全的蔬菜

每日除了餵牧草、單一飼料、蔬菜、野草或香草，也會餵營養補充食品。如果是蔬菜的話，會先經過乾燥再餵，一天大概是餵1～3種蔬菜，分量大概是半杯左右，而且盡可能是從產地直銷的專賣店購買，也都是選購無農藥的蔬菜與野草。牧草或單一飼料都是幾種混在一起餵，但我家兔子對生產批次不同的產品很敏感，一旦換了新批次的產品，就常常食慾不振，愛吃的東西也會改變，所以一直都覺得很難換成其他的產品。目前主要是以提摩西二割作為主要的牧草餵食。（hanachan）

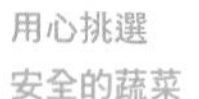

阿常

雄性

4歲

1.58公斤

米克斯兔

希望牠吃一割的牧草，

所以直接擺在籠子裡

平常都是餵牧草、16公克的單一飼料、蔬菜、野草、香草、營養補充食品。之前牠被診斷出所有的臼齒都太長，所以我為了讓牠多吃一點一割的提摩西，特地拿掉放牧草的容器，直接把牧草放在籠子裡。雖然牠沒有一次吃完，但換了這個方法之後，牠也喝了比較多的水。（阿常媽媽）

卡洛莉

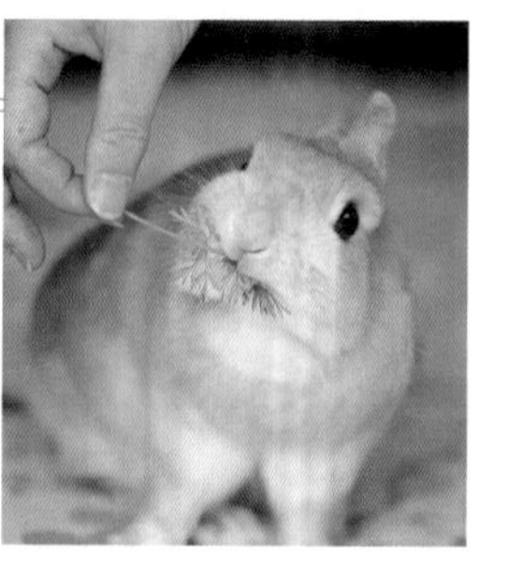

雌性

7歲

930公克

荷蘭侏儒兔

為嬌小的身體

打造適當的進食環境

我家兔子很嬌小，也曾在五歲的時候動過手術，所以希望讓牠能更自然（身體往下）進食，所以我都在扁平的盤子裡放單一飼料、木瓜乾這類主餐或點心。飲水的部分則選用可拆卸、方便清洗，可直接低頭喝水的類型，而不是採用瓶子類型的飲水器，否則牠得抬高頭才能喝得到水。（佐久間一嘉）

啾啦

雄性

12歲

900公克

英種小型兔

稍微調整了

點心的大小

我家是以高纖維牧草為主食，另外再餵10～20公克的單一飼料、蔬菜、野草、水果與營養補充食品。啾啦愛吃蘋果乾與鳳梨乾，但太大塊的點心看起來很不方便吃，所以我都會先切成小塊再餵。（島田惠）

琥珀

雄性
8歲
2.1公斤
迷你雷克斯（左邊的兔子）

餵牠愛吃的牧草

每次餵一割的提摩西牠都會沒吃完，所以改餵二割的（單層牧草塊）。每逢春天，住家附近可摘得到一些安全的野草，所以我都會餵牠吃各種野草。單一飼料則是餵牧草飼料。前一隻兔子因為咬合不正而沒了牙齒，變得沒辦法吃牧草，所以得利用電動攪拌機將牧草粉打得更細一點，拌入一些蘋果泥或是香蕉泥再餵，總共這樣讓牠吃了三年。（chobisuketto）

熊次郎

雄性
2歲
2公斤
荷蘭垂耳兔

在最佳時機餵蔬菜

每天餵4～6種蔬菜，每次的餵食量約為2杯多，但是牠有時只在固定的時間點吃蔬菜。就算是在吃飯時間，跟著單一飼料一起餵，牠也不願意吃蔬菜；在其他的時間點餵，牠也不吃。只有在用餐之後的三小時，為了睡覺回到圍欄裡，才會願意吃。一開始還以為牠不愛吃蔬菜，後來才發現，只要在對的時間點餵就沒問題。晚上餵完之後，我會在1～2小時之內收掉剩下的蔬菜。我會在牠回到圍欄的時候餵蔬菜，也會在我睡覺之前，餵餵看牠愛吃的牧草，確認牠的食慾。牧草是以提摩西二割為主。目前每天吃22公克的單一飼料。（momo）

路那

雄性
10歲
2公斤
垂耳兔

叫牠吃飯，
牠會吃得更開心

為了讓牠能吃得更開心，我都會在吃飯的時候輕輕地叫：「路那，吃飯了喲！」路那好像也很喜歡我這樣叫牠。在換毛期或其他食慾不振的時候，我會把一整天的單一飼料分成很多次餵，每次餵，都會先輕聲地叫叫牠。在叫牠吃飯的同時，也會確認牠的食慾以及牠大概吃得完的分量，然後調整當次的餵食量。現在牠每天都吃很多三割的提摩西以及35公克的單一飼料，而且單一飼料都是一口氣吃完。（youichi & keiko）

直美

雌性
2歲4個月
1.8公斤
荷蘭侏儒兔

尊重兔子的個性

每天都會餵牠吃單一飼料、蔬菜、水果、穀物，偶爾也會餵營養補充食品。我家的兔寶寶很害羞，不喜歡被人看到吃飯的模樣，所以餵點心與蔬菜時，都要故意轉過視線不看牠。（吉田）

奇比

雌性
7歲
1.6公斤
迷你兔

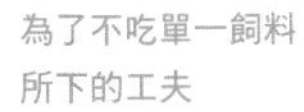

為了不吃單一飼料
所下的工夫

由於家裡的兔子不太吃單一飼料，所以在諮詢獸醫之後，決定餵牠吃大量的蔬菜，每天大概會餵1～3種，每次的量都是2杯，也會餵提摩西牧草塊或是牧草飼料。單一飼料的話，大概一天會餵2種，每天大概會吃15～16公克。（奇比媽媽）

可沛拉

雌性
3歲
1.45公斤
荷蘭侏儒兔

依照牠的口味，
餵牠吃曬乾的蔬菜與水果

每天會餵牠吃牧草、單一飼料（兩種拌在一起，共18公克）、蔬菜與水果。我家的兔寶寶很挑食，只吃乾燥的蔬菜與水果，因此我都會先把蔬菜與水果放在太陽底下曬乾再餵。牠最愛吃的是曬乾的蘋果，沒有食慾的時候也只吃這個。（opera）

※上述為2019年5月的資訊。

COLUMN

我家的餐桌「問卷」

接下來為大家發表家裡的兔子平常都吃什麼的問卷調查結果！
（網路問卷。總回答數為 44）

題目 1
平常餵兔子吃什麼？

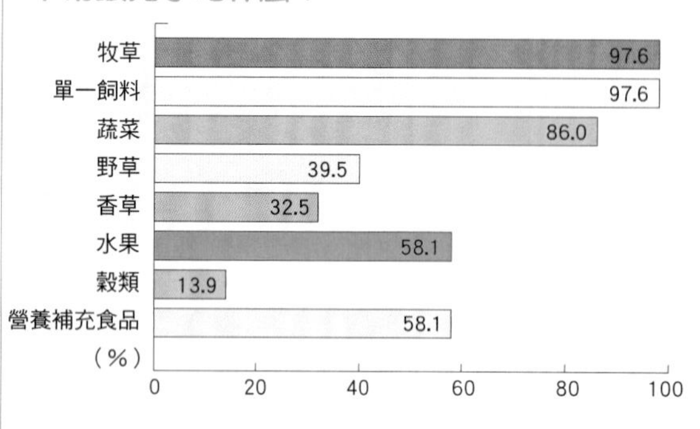

題目 2
單一飼料都餵幾種？

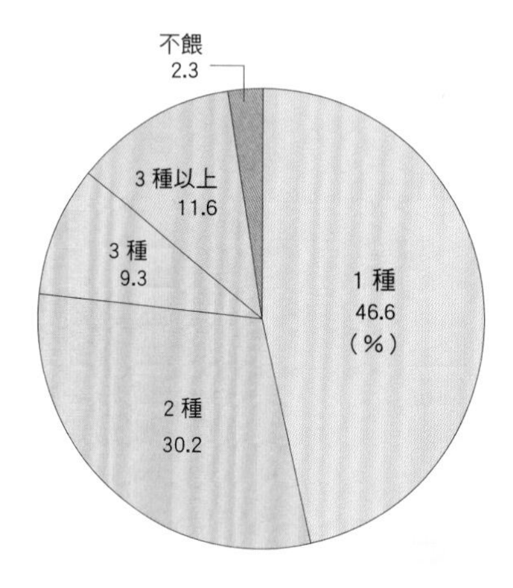

題目 3
一天餵幾種蔬菜？

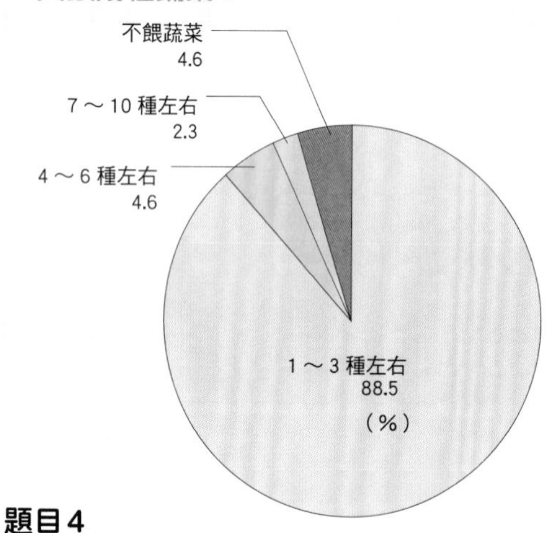

題目 3
兔子平常都喜歡吃什麼？

第1名　牧草
第2名　紫蘇
第3名　單一飼料

第4名　香蕉
第5名　明日葉
第6名　胡蘿蔔
第7名　木瓜乾
第8名　蘋果
第9名　高纖維牧草
第10名　胡蘿蔔葉

題目 4
一天餵多少蔬菜？
（假設以 200 cc 的量杯計算，蔬菜也都先切成塊）

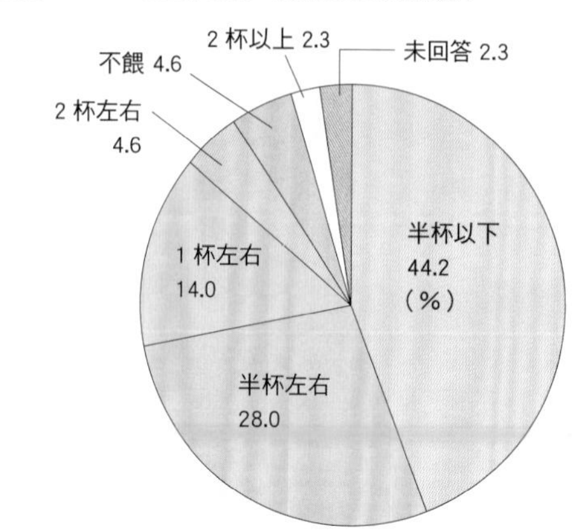

問卷的結果

最喜歡的食物是牧草這點，真的很讓人開心耶！而且又以一割的提摩西與高纖維牧草最受歡迎。現在推薦的兔子飲食內容為「牧草（以一割提摩西為主，搭配其他牧草）、一種單一飼料與適量的蔬菜」，然後再搭配各種不同的食物。

透過食物與兔子互動

不管是兔子還是人，都覺得吃東西是件開心的事。讓我們一起看看，有哪些方法可讓我們透過日常的主食與點心，加深與兔子之間的關係。有些飼主會在家裡自己種蔬菜或香草，所以在此要為大家介紹餵食這類新鮮植物的方法，另外也會介紹摘野草的樂趣。

1. 享受進食的時光

享受進食的時光是什麼意思呢？

與兔子一起生活的最大樂趣就是與兔子互動。

輕輕撫摸兔子的頭或是其他接觸都能與兔子互動，但更直接明白的交流莫過於透過食物的互動。有些兔子不太喜歡被撫摸，但是大部分的兔子都很歡迎「美味的食物」。

換言之，不管是兔子還是飼主，「食物」都是很棒的溝通橋樑。

◆兔子的幸福～滿足進食這項本能

野生的兔子在無草可吃時，必須啃樹皮才能活下去。不管是哪一種生物，進食都是與生俱來的本能與慾望，而當動物處在隨時都有食物，也就是被圈養的狀態下，自然而然就會變得安心。野生的兔子在一天之中，會花很多時間吃植物，而家兔則可多餵牧草，拉長牠們的進食時間，讓牠們有機會發揮本能。

假設這些牧草的適口性又很不錯，想必兔子一定會吃得非常滿意。

◆飼主的幸福～享受挑選、餵食飼料的愉悅

餵兔子吃飯是飼主最低限度的責任。如果能在餵食時，多一點挑選飼料或是餵食的樂趣，與兔子共享的時光肯定會變得更加多彩多姿。單一飼料與牧草的種類雖然有很多，若能再多餵其他的蔬菜、野草、香草，想必餵食的選擇會變得更多元。

在兔子用品專賣店或是寵物用品專賣店以及超市的蔬菜區、蔬菜產地直銷專賣店，一邊思考家裡兔子喜歡吃什麼，牠會不會願意吃這些蔬菜，然後一邊挑選食物，也是養兔子的一大樂趣。如果牠能夠吃得很開心，身為飼主的我們也會很開心。

再者，有時候也會為了兔子的健康而選擇不一樣的食物，此時有可能會進一步調查，這些食物的「原料是什麼」、「有哪些成分」對吧？最近有不少食物具有各種機能性成分，所以飼主們可試著調查看看，這些成分對於兔子的健康有何幫助，這也是非常重要的一件事。像這樣為了兔子花時間查資料，應該也是身為飼主的樂趣之一。

用手親餵食物，也是與兔子互動的樂趣之一！

這種用食物玩拔河的時光也讓人很快樂。

◆互動的幸福～加深交流

餵食是馴化動物的基本手段之一，兔子也可利用這個方式馴化。只要籠子裡有食物，兔子就會覺得籠子是可以安心棲息的地方，也會願意與準備食物與籠子的飼主親近。

當兔子與飼主之間建立了互信的關係，就會覺得食物格外有魅力，也會感受到餵點心的飼主有多麼開心，同時飼主也能感受到兔子吃點心時開心的心情，所以兔子與飼主都會覺得非常幸福。長此以往，光是陪在兔子身邊，兔子就會覺得心情好、很幸福，雖然有點心還是比較開心啦，但食物真的能加深兔子與飼主之間的連結。

餵食的方法

較常見的餵食方式是將主食的牧草與單一飼料放在籠子裡，讓兔子待在自己的空間吃；點心則是放在籠子裡，或是在籠子外面，由飼主用手餵著吃。如果能多花點心思設計餵食方式，不僅能讓兔子感到滿足，也能照顧牠們的健康。

◆讓兔子尋找食物

相較於野生兔子，家兔有一項能力顯得非常退化，那就是「尋找食物」的能力。就某種意義來說，這代表家兔受到很好的照顧，籠子裡面隨時都有可以吃的食物。希望兔子常吃牧草的飼主會在籠子裡備有足夠的牧草，所以家兔通常沒什麼機會「尋找食物」。

建議大家將「尋找食物」放進與兔子一起玩耍的遊戲裡吧。

＜尋找食物的遊戲範例＞

將兔子愛吃的點心藏在兔子沒辦法一下子找到的地點，讓兔子花點時間尋找。

將點心塞在稻草編成的兔子玩具裡面，就能讓兔子在籠子內外玩這類玩具。將牧草編成花圈或球狀，就能把點心藏在裡面。

在室內放置隧道或設計一些隱密的場所，然後在這些地點的裡面或後面放一些點心，讓兔子尋找這些點心。隧道或是隱密的場所可利用市售的稻草產品設計，如果不希望兔子咬壞，改用厚紙板製作也不錯。當然也可以在地板敷一層午餐墊，然後將點心藏在午餐墊底下，也是讓兔子搜尋食物的方法。

如果牧草是放在地上的容器或地板上餵，也可以試著將點心藏在牧草底下。

其他應該還有不少有趣的方法，只要不危及兔子的安全，建議都可以試試看。

這是在兔子於室內散步時的用餐地點，也可以當成藏點心的地點。

將愛吃的點心藏在玩具裡面也是很有趣的方法之一。

◆增加兔子運動的機會

兔子也需要適度的運動，前述的「尋找食物」當然也能讓兔子有機會運動。

此外，在餵食物的時候，花點心思讓兔子「要運動一下才吃得到食物」也是不錯的運動，例如將單一飼料或蔬菜放在房間的角落，而不是放在籠子裡，兔子就必須到處找才能吃得到食物。飼主也可以拿著食物移動，引誘兔子跟著移動，這也是一種不錯的互動方式。

只是當兔子吃得太少，變得有點瘦弱時，還是要讓牠們待在籠子裡慢慢吃喲。

再者，兔子在室內玩的時候，要注意牠們的安全，例如食物一定要放在低處，避免牠們為了吃到食物而爬到高處。讓牠們只在圍欄裡活動會比較安全。

一邊餵食，一邊增加兔子運動的機會。

◆用手親餵

若希望透過食物與兔子互動，基本上用手親餵會是比較好的方法。

要馴服兔子的話，除了餵食點心，也可以依照前述「增加運動的機會」所說的，一邊移動，一邊用手餵牠食物，達成讓兔子運動以及與兔子增加互動的雙重目的。

也可以依照「尋找食物」所說的方法，在一隻手藏點心，然後讓兔子聞一聞「點心藏在哪隻手」，也是很有趣的遊戲（但不太適合跟會咬人的兔子玩）。

用手親餵食物，增加與兔子的互動。

讓兔子享受當令的食物

隨著品種改良與栽種技術的進化、物流的進步，大部分的蔬菜或水果都能隨時買得到，只要去一趟超市的蔬菜區、水果區，應該不難發現這點。對飼主來說，能隨時買到各種餵兔子吃的食物，是一件值得開心的事，而且還有這麼多選擇。

但是在挑選蔬菜時，請務必注意蔬菜的「季節性」，盡可能選購當令的蔬菜。

在店裡買東西的時候，常常會想到兔子的臉吧。

◆當令食物的營養價較高

眾所周知，食物的營養價會隨著當令與否而增減。

尤其β胡蘿蔔素與維生素C的差異更是明顯。以當令時節為冬季的綠花椰菜為例，β胡蘿蔔素的含量在3月約是1595μg，8月卻只有389μg，維生素C在2月約為167mg，但在8月只有86mg。此外，當令時節為夏季的番茄在9月的時候，β胡蘿蔔素的含量約為586μg，但在2月卻只有194μg，在7月的維生素C含量有18mg，在1月卻只有9mg(節錄自「食物的維生素與礦物質的全年變化情形」)。

讓兔子享用充滿春季氣息的野草莓。

蕃茄的β胡蘿蔔素含量的全年變化情形

(μg)

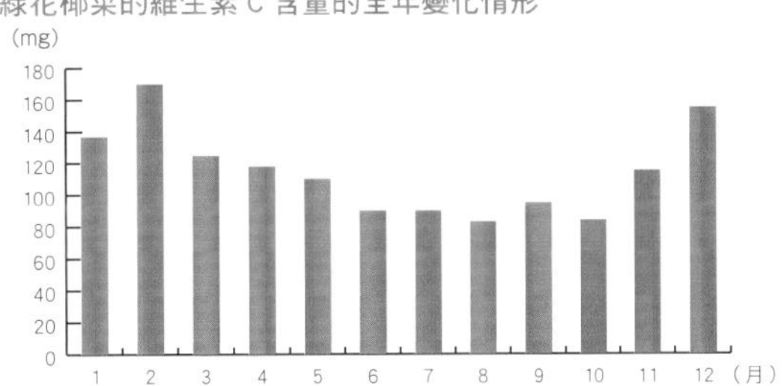

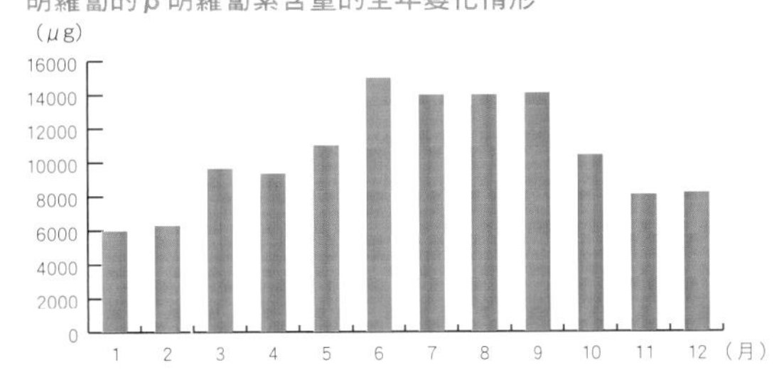

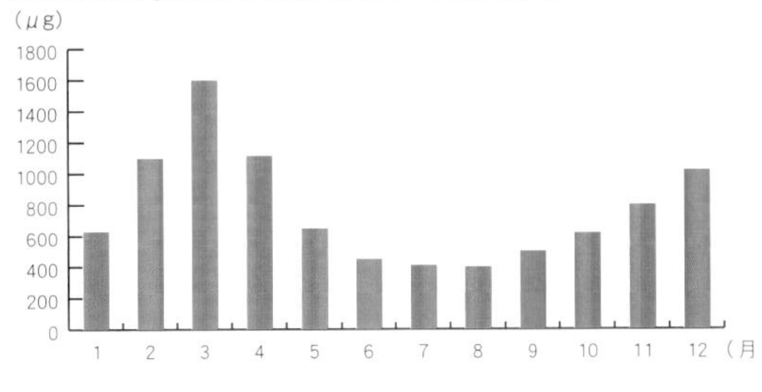

以營養價最高的月份作為蔬菜當令時節的判斷

	維生素C	胡蘿蔔素
1月	綠蘆筍	
2月	綠花椰菜　白菜 高麗菜	
3月		綠花椰菜　高麗菜
4月	白蘿蔔	四季豆
5月		綠蘆筍
6月	紫蘇　萵苣　四季豆	胡蘿蔔　糯米椒
7月	番茄　小黃瓜 青江菜　馬鈴薯	番茄
8月	青椒	青椒　小黃瓜　萵苣 青江菜
9月	糯米椒	紫蘇　白菜
10月	胡蘿蔔	南瓜
11月		
12月	菠菜　山茼蒿 南瓜　鴨兒芹	菠菜　山茼蒿 鴨兒芹

圖表與表格：節錄自獨立行政法人農畜產業振興機構「月報野菜情報」的2008年11月號「野菜的當令時節與營養價」

COLUMN

每個季節的當令蔬菜

在此為大家整理本書介紹的蔬菜的當令時期。

春

春季高麗菜
西洋菜
芝麻菜
胡蘿蔔
旱芹
鴨兒芹
芫荽
芹菜
明日葉
結球萵苣
紅葉萵苣

夏

春秋高麗菜
白蘿蔔
鴨兒芹
結球萵苣
紅葉萵苣
紫蘇

秋

青江菜
芝麻菜
胡蘿蔔
鴨兒芹
紅葉萵苣
紫蘇

冬

冬季高麗菜
小松菜
青江菜
水菜
白蘿蔔
綠花椰菜
白花椰菜
旱芹
鴨兒芹
芹菜
山茼蒿

一起分享新鮮的胡蘿蔔！

◆可餵食露天栽種的蔬菜

隨著溫室栽植技術的進步，種植蔬菜的溫度、溼度、光量都已經可人工調整，所以隨時都能買得到當令的蔬菜，但其實也能以露天栽種的方式在植物原生的氣候下種出當令的蔬菜。

一如64頁的說明，植物的「硝酸鹽」會在不同的情況下有所增減，例如露天種植的當季蔬菜，硝酸鹽的含量會比溫室栽植的非當令蔬菜來得低。一般認為，只要日曬不足，植物就會累積過量的硝酸鹽，所以露天栽植的當季蔬菜才會如此受到推崇。

◆適合各時期健康狀況攝取的機率

以人類而言，當令食材較適合於專屬的季節吃，我們的身體也會在此時特別想攝取這類食材，例如春天會想吃一些能排毒的食物，才能排除體內於冬季囤積的老舊廢物，夏季則會想吃一些富含水分，讓身體降溫的食物。

雖然我們無法得知兔子在攝取當令食材時，是否也能有這些季節性的效果，但從野生兔子的生活來看，牠們只吃在該季節生長的蔬菜，換言之，牠們只吃當令的食物。在栽植技術不若現代發達的過去，人類也只能吃當令的食物，而且不管是兔子的原生地還是日本，都是四季分明的地區。

如此看來，「身體會想吃當令食材」的這個原理似乎也可套用在兔子身上。

2. 餵食點心的方法

兔子眼中的「點心」到底是什麼呢？

◆人類的點心就是甜點或餐與餐之間的食物

對我們人類來說，點心就是有別於正餐的食物，其中包含甜點或是餐與餐之間的食物，或是「下午茶」。大部分的人都知道早中晚三餐要規律，也知道不能吃太多點心，因為點心都常含有較多的醣質與脂質，吃太多對身體不好，也容易發胖。

◆兔子的點心就是「超愛吃的美食」

那麼兔子的點心是什麼呢？兔子無法區分什麼是「正餐」，什麼又是「點心」，但是會把飼主餵的食物分成超好吃又超愛的食物、還算喜歡的食物、有得吃就吃的食物、沒得吃才會吃的食物以及絕對不吃的食物，而且兔子肯定會一直討超好吃又超愛的食物，牠們可不會有「先吃完牧草與單一飼料再吃點心」的想法。

◆點心不一定是「甜食」

接著讓我們站在飼主的角度看點心吧。應該有不少飼主想餵兔子吃點心吧，但能餵兔子吃的點心通常是水果、穀類以及其他的碳水化合物（醣質）。基於人類對於「點心」的想像，大部分的飼主都知道不能餵兔子吃太多點心。

不過兔子可沒有這種既成概念，只要眼前有喜歡吃的點心，就不會吃其他的食物，假設飼主拗不過兔子的脾氣，被迫一直餵點心（人類心目中的點心，例如糖質較多的食物），兔子就會發福或出現其他健康問題。

本書希望大家能了解我們心目中的點心與兔子愛吃的點心是不同的，請把餵兔子吃的點心當成「與兔子互動的手段，也是兔子超喜歡又愛吃的食物」就好。換言之，餵兔子吃的點心不一定非得是「甜食」，而能夠實際餵給兔子的點心請參考「適合餵給兔子吃的點心」（97頁）的內容。

以曬乾的蘋果皮製作的手工點心，好吃！

什麼時候可以餵點心？

點心（好吃又超喜歡的食物）是與兔子一同生活所不可或缺的食物，能在許多場面發揮作用。

◆用來馴養兔子

要解除兔子對飼主的警戒心，除了要善待牠們之外（例如飼主自己不要太緊張，也不要嚇到牠們），餵食是項非常有效的手段。大家不妨從兔子普遍喜歡的食物之中，挑出幾樣當成點心，親手餵家裡的兔子吃。

◆深化互動

點心也能讓兔子覺得跟飼主在一起很開心、快樂。當兔子從籠子走到室內之後，飼主或許可拿著點心靜靜坐著，等待兔子主動靠近，不要太過在意兔子的一舉一動。此時兔子有可能會慢慢接近飼主，一邊聞味道，一邊觀察情況。等到兔子發現我們手中的點心，就能餵牠們吃。重覆幾次之後，兔子應該就會主動來到飼主身邊才對。雖然一開始兔子是為了點心才來到飼主身邊，但是只要時間一久，兔子也一定會明白「來到飼主身邊會有好事發生」。如果能先叫叫牠們的名字再餵點心，漸漸的，兔子也會對這個名字有反應。

◆將點心當成獎賞或是讓兔子開心的道具

雖然剪指甲或是刷毛都是照顧兔子的必要保養，卻是兔子討厭的事情前幾名，所以最好在這些保養結束後餵牠們吃點心，說幾句「剛剛你好勇敢喔」的話讚美牠們或是讓牠們轉換心情。

◆利用點心教育兔子

透過名字喚來兔子

在餵點心之前，可多喊幾次兔子的名字，兔子有可能會在聽到名字之後來到飼主身邊。這種教育方式很適合在想要將兔子叫來身邊的時候（例如兔子想要跑到開著的門旁邊）使用。

兔子常常對裝點心的容器所發出的聲音有反應。有時候兔子在房間裡面玩的時候，會躲在飼主找不到的地方，此時不妨搖一搖這個容器，利用聲音引誘兔子現身。

讓兔子回到籠子或圍欄裡

讓兔子在房間裡玩過一輪，想要牠們回到籠子裡的時候，不妨拿出點心誘導牠們，就不用追著牠們的尾巴到處跑。如果每次餵點心都在圍欄裡面餵，兔子就不會討厭回到圍欄才對。

（本書雖然未介紹，但其實點心也很適合用來訓練兔子學「特技」。）

在兔子討厭的保養之後用點心鼓勵牠們。

用來卸下兔子警戒心。

咬了幾口之後，果然好好吃啊。

◆恢復食慾

因為生病而沒有食慾的時候，務必帶到動物醫院，視情況接受適當的診治。

如果只是稍微食慾不振，餵點心有時能重啟兔子的食慾。

◆用於投藥

點心也能用來餵兔子吃藥（參考139頁「餵藥的方法」）。也可在餵藥之後餵點心，讓兔子恢復心情。

適合兔子吃的點心有什麼？

◆市售的兔子點心

市面上的兔子點心可說是琳瑯滿目，但其中有幾種不太推薦，建議大家盡可能選出一些少量餵食，也不會傷害兔子健康的點心。

最具代表性的點心就是乾燥水果（水果乾），例如木瓜乾、芒果乾、香蕉乾、蘋果乾或是其他水果乾，但是在挑選水果乾的時候，最好挑選沒有砂糖或其他添加物的天然食材。

市面上也有很多乾燥蔬菜與乾燥野草，穀類也可當成點心少量餵食。

唯一在挑選之際需要多注意的是餅乾點心。餅乾點心大致可分成兩種，一種是為了方便餵食而將原料固定成型的點心，餵兔子吃這類型的點心不會有什麼問題（當然，還是不能餵太多）。

但是另一種餅乾點心則是加了糖或油製作的，這種就不太適合餵兔子吃（不一定只有這類型的點心才會加糖或油）。

挑選餅乾類型的點心時，請務必確認原料。

（關於兔子適合吃什麼點心的這個問題，72頁的「其他種類的食物」也有說明。）

◆只要兔子喜歡，單一飼料也可以當成點心餵

一如前述，兔子心目中的點心是「與兔子互動的手段，也是兔子超喜歡又愛吃的食物」，所以只要兔子喜歡，單一飼料也能當成點心餵。

上述的意思是從一整天要餵的單一飼料之中分一點出來（※），然後將分出來的飼料當成點心，用手直接餵兔子吃即可。這麼做可避免餵太多點心，又能與兔子互動，一石二鳥。

換句話說，就算是平日常餵食的食材，不管是牧草還是蔬菜，只要兔子喜歡，都可以當成點心餵食。

※若是飼主有時間，兔子也喜歡飼主用手餵的話，當日所有要餵的單一飼料都可直接用手餵食。

野草也可以當成點心！

製造讓兔子習慣針筒的機會

有時會遇到要餵兔子吃藥或灌食的情況，這時候通常會用到針筒，但對兔子來說，這是件壓力非常大的事；對飼主來說，灌食也是件令人不安又有壓力的事情。為了減少這類情況所造成的壓力，建議從平常就讓兔子習慣針筒，而餵點心算是最佳時間點。大家不妨利用針筒餵食極少量的無添加蔬菜汁或蘋果汁。餵食時，可先稍微擠出一點點，然後湊到兔子嘴邊，如果兔子喜歡，應該就會舔舔看。要注意別讓兔子噎到，以免發生危險。

想餵食各種點心

兔子點心在開封之後，最好快點餵完，但有時又只能餵一點，所以很不容易餵完，而且也常常因為各種點心都想餵而買了很多種點心，所以往往會愈餵愈慢。

建議大家在購買點心之後，先分裝成小分量，再把不會立刻拿出來餵的部分與乾燥劑一起放進徹底密封的容器裡保存。（也可參考55頁「單一飼料的保存方法」）

如果身邊也有朋友在養兔子，可一次買多種一點，與大家一起分著用，藉此交換一些心得，了解兔子有哪些愛吃的食物。

再者，若將人類平常吃的蔬菜或水果分一點給兔子吃，就不用特別購買「兔子點心」。只要是能餵給兔子吃的種類，都可在未經調味的情況下餵食。即使是人類吃的水果乾，若是完全無添加的類型，就能列為點心之一。

餵食之際的注意事項

□點心不要餵太多（除非是從當日餵食食材分出來的點心）。

到目前為止，沒有任何一種經過實證的資料告訴我們，每天可以餵多少點心，因為只要兔子很健康，就不一定非得餵點心。而且也有意見認為點心「不是必要的食物」，所以很難具體規範點心的理想餵食量。如果兔子「有好好吃牧草與單一飼料」,「排便的狀態正常」、「體格健壯」、「健康狀況良好」，那麼多餵幾口點心應該是可以的。

□常見點心有乾燥過的水果與蔬菜，但這些點心都因為水分減少，而營養濃度較高，所以千萬別餵太多。（這部分也可參考66頁「市面上的乾燥蔬菜」）

□適合餵幼兔吃點心的時期如下。如果是從平日餵食的食材分出來的點心，可在剛開始養的時候就用手親餵（要等到兔子熟悉環境才能這麼餵）。如果平常餵的是蔬菜，可在兔子出生3～4個月之後再開始當成點心餵。如果是水果或穀類這類適口性較高，不能過度餵食的食材，則建議在兔子出生3～4個月之後，而且已經習慣吃牧草或單一飼料的時候再餵。

□請盡量避免兔子養成壞習慣。

前面提過，如果能順利剪完指甲，才能餵點心當作獎勵。要是兔子一直掙扎或亂跑，不讓人剪指甲的話，就絕對不能餵點心，否則兔子有可能會以為「掙扎或亂跑就可以吃到點心」。此外，也別為了讓兔子戒掉咬籠子的鐵網這個習慣而餵點心，否則兔子會以為「咬鐵網就能吃到點心」。

3. 享受手工自製的餐點

手工自製餐點是疼愛兔子的具體表現

◆讓每天的菜色多些精彩的變化

除了狗狗與貓咪的飼主之外，也有鳥兒的飼主開始為了寵物手工自製餐點。這麼做能夠安心地選擇食材，也能餵寵物吃當令的食材，還可以透過這些食材表達自己對寵物的愛，這些都是手工自製餐點的樂趣。

在此要為大家介紹一些手工自製兔子餐點的方法。

第一種方法是利用乾燥蔬菜製作，這裡會說明餵食乾燥蔬菜的優點。當成點心餵食的水果乾也可自製。

接著要介紹的是，在特別的日子餵兔子吃的特製餐點。這道以蔬菜為主的健康菜色很適合拍照留念，有趣的外觀也很適合放上社群網站分享。

或許大家會覺得，既然是特別的日子，可以比平常多給點水果，但之後要記得少給一點，才能維持營養的平衡。

最後要介紹的是手工餅乾。雖然是餅乾，但不是那種用麵粉或奶油做的類型，因為這類型的餅乾不適合兔子吃。每次餵完單一飼料或牧草之後，通常都會有一些碎屑留在袋底，讓人覺得：「丟掉好可惜，這些碎屑沒有別的用途了嗎？」這次就是要用這些碎屑製作餅乾。由於這些碎屑原本就是兔子的食物，所以製作的餅乾當然可以餵兔子吃。

除了上述的餐點之外，還會介紹許多來自其他飼主的食譜。請大家參考於後續專欄介紹的陽台菜園、牧草栽植、摘收野草的內容，為兔子的平日飲食創造一些有趣的變化。

有很多能與兔子同樂的手工自製餐點。

推薦的乾燥蔬菜

◆蔭乾每天餵食的蔬菜

蔬菜蔭乾後，水分會減少，就不用擔心兔子因為吃了蔬菜而攝取過多的水分。在右側的照片裡，蔬菜已經先切成方便入口的大小。接著攤在報紙上面，放在室內十個小時，等待水分蒸發。原本重約170公克的蔬菜會減至110公克左右，體積也跟著縮水。飼主能利用這種方法餵食蔬菜，也不會影響兔子吃牧草或單一飼料的量。

◆利用乾燥蔬菜製作點心

乾燥蔬菜也能當成點心來餵（右頁）。水分減少的同時，味道會變得濃郁，甜味也會變得明顯，所以兔子會喜歡吃。本書使用的是小松菜、白蘿蔔、胡蘿蔔、小番茄。

若想讓蔬菜快點蔭乾，可將蔬菜切得薄一點。白蘿蔔可在去皮之後切成細條，水分較多的小松菜則可垂直切開，小番茄可剖半再去掉種籽。

接著將這些蔬菜放在篩網或是紗網蔭乾。蔬菜的乾燥時間會隨著溫度與溼度增減，所以請時時觀察蔬菜的狀況。如果要放在密閉容器保存，建議連同乾燥劑一併放進去，然後在蔬菜壞掉之前早點餵完，也可以選在空氣較為乾燥的時期製作乾燥蔬菜，或使用食物烘乾機製作。

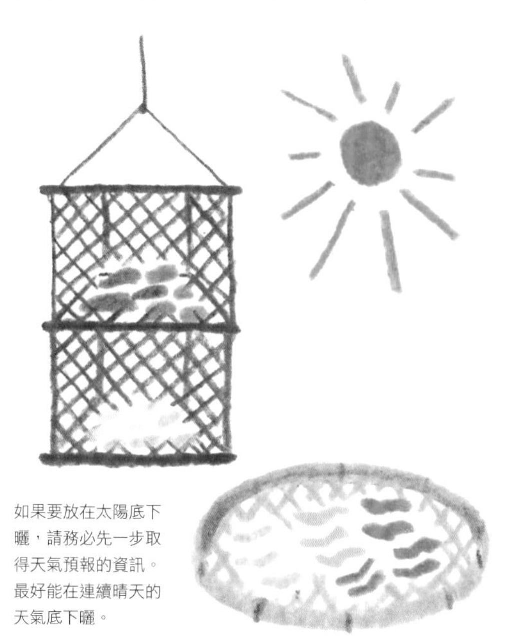

如果要放在太陽底下曬，請務必先一步取得天氣預報的資訊。最好能在連續晴天的天氣底下曬。

如果是每日餵食的蔬菜量，只需要先切成方便入口的大小以及放在室內蔭乾，水分就會自然減少。

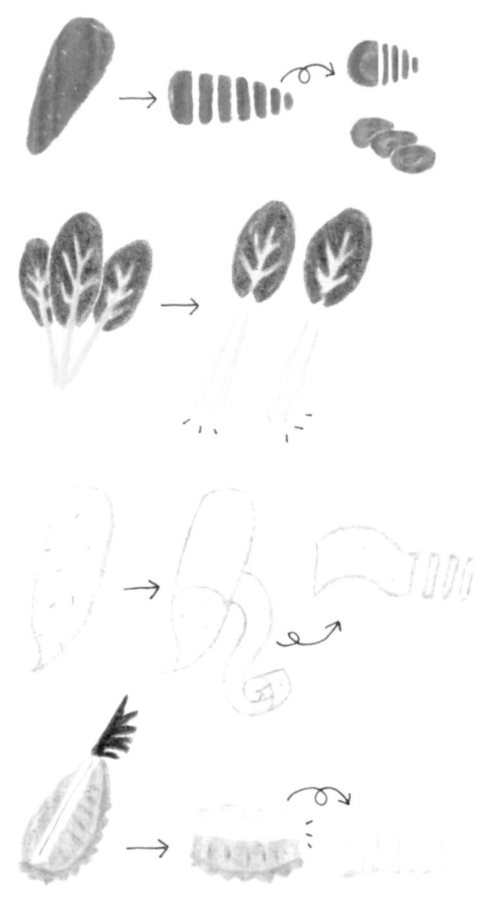

建議切成方便曬乾的形狀。若是葉菜類的蔬菜，最好將莖部垂直切開，才容易曬乾。

◆如果要一口氣製作很多天的分量，就要徹底曬乾

曬乾蔬菜的方法也要隨著餵食方式調整。

如果是每天餵食的蔬菜，放在室內攤平曬乾，應該就能讓水分揮發，而且只要能在當天餵完，就不用太擔心保存的問題。

如果想一次多曬幾天量的蔬菜，當成點心餵兔子，就需要徹底曬乾水分。此時除了可以放在空氣乾燥的晴天底下曬，有些曬乾的蔬菜或水果也能加進飼主的菜單裡，或者也可以利用右圖裡的食物乾燥機烘乾，如此一來，兔子與飼主就能吃一樣的食物。

圖中是市售的食物乾燥機。
能在室內快速製作乾燥蔬菜與水果乾。

◆自製水果乾

水果曬乾後，就成了自製的水果乾。曬乾水果時，要注意的是水果的糖分較高，較難曬乾這點，也不要一次曬乾太多水果。照片裡的水果是鳳梨，芯的部分有很多纖維，較容易曬乾，所以適合做成水果乾。可順著纖維切開再曬乾。

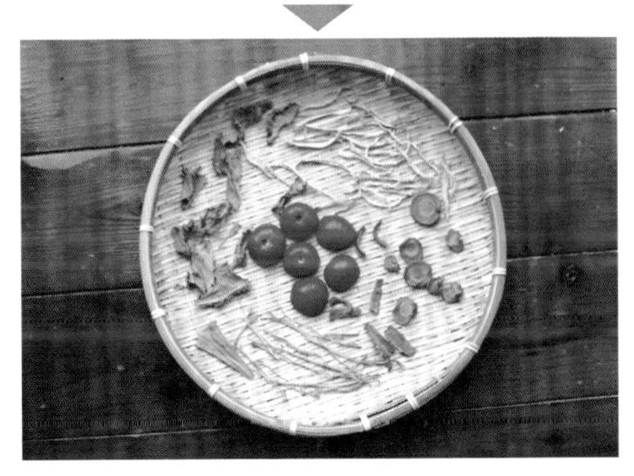

曬乾的蔬菜與新鮮的蔬菜具有不同的口感，味道也會變得比較濃郁。曬乾各種蔬菜的過程很有趣喲。

圖中是人類不吃的鳳梨芯，但是曬乾之後，就會變成自製的水果乾。請務必多花點心思在保存上。

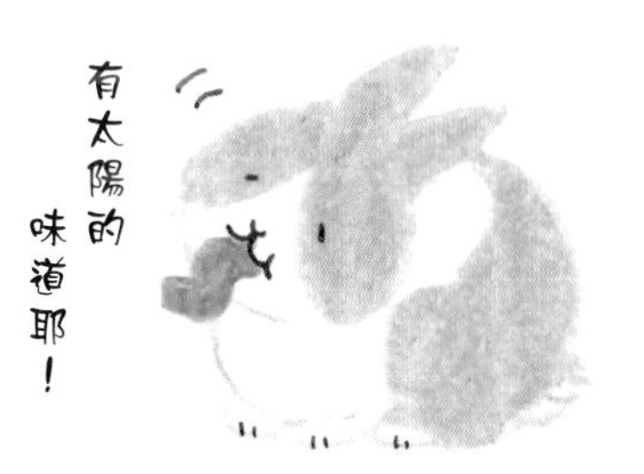

用來慶祝紀念日的特製餐點

雖然平常都是以牧草或單一飼料為主食，但是有許多飼主會在兔子的生日或其他的紀念日餵一些特別的「食物」。在此為大家列出一些別出心裁的慶祝大餐。

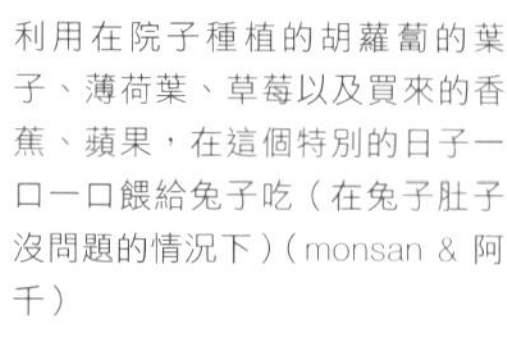

利用在院子種植的胡蘿蔔的葉子、薄荷葉、草莓以及買來的香蕉、蘋果，在這個特別的日子一口一口餵給兔子吃（在兔子肚子沒問題的情況下）（monsan & 阿千）

利用生日沙拉與香草花束慶祝！（Mayumi & Glück）

利用兔子喜歡的蔬菜、水果與「兔寶寶丸子」排出文字，也在盤子裡裝了造型可愛的食物。（＊tamaki ＊ & kyun太郎、pon太郎）

圖中是MASHIRO與蔭乾一晚的胡蘿蔔。牠在一歲生日時，第一次吃了胡蘿蔔與香芹。（masimamu & MASHIRO）

為了紀念日買了單粒銷售的超大顆草莓。真的很大顆，所以牠只吃了三分之一。（MaRi & Rand）

我家兔子叫南瓜，所以每年生日，我都會在南瓜刻上牠的歲數再拍照留念！之後再全家一起吃南瓜。（ayapi & 南瓜）

在牠超愛吃的韓國萵苣與新鮮牧草加上兔子造型的胡蘿蔔。（ma－ & maron）

利用單一飼料與牧草粉製作餅乾

接下來要介紹的是利用在飼料或牧草袋底殘留的粉末製作的餅乾，而且會利用兔子模型做成兔子的模樣。這餅乾的造型實在太可愛，你一定會忍不住多做幾遍的。（製作：ousakaya）

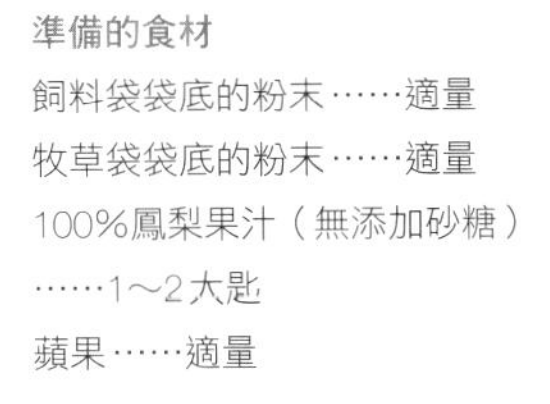

準備的食材
飼料袋袋底的粉末……適量
牧草袋袋底的粉末……適量
100%鳳梨果汁（無添加砂糖）……1～2大匙
蘋果……適量

1 利用篩網篩鬆提摩西與飼料的粉末。

2 將蘋果磨成泥。蘋果泥為了提升餅乾的口感而使用的。也可以改用「兔子專用乳酸菌」，或是將木瓜乾、香蕉、胡蘿蔔、蒲公英葉子這些兔子愛吃的食物磨碎，再加入食材裡。

3 將所有食材倒入盆子裡，再一邊逐量倒入鳳梨汁，一邊攪拌。由於提摩西的纖維較多，所以盆子裡的食材若看起來粉粉的，可另外加點粉狀的飼料。

4 攪拌到能捏成球狀的黏度後，利用桿麵棍或手掌壓平。

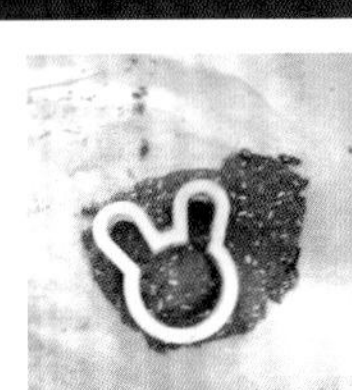

5 利用模型壓出形狀，再排在鋪有烤盤紙的烤盤上。

6 放入預熱至100℃的烤箱烤1小時，徹底烤乾水分就完成了。與其說是烤，其實更接近乾燥的感覺。雖然也可以放在太陽底下曬，但這種方法比較快速確實。

重點提示
如果擔心微波爐烤箱會有味道殘留，可在使用之後，將柳丁或橘子這類柑橘類的果皮以及吸飽檸檬酸液體的毛巾放進微波爐烤箱加熱一分鐘，再把烤箱內部擦乾淨，即可去除味道。

提摩西餅乾的食譜

準備的食材
牧草袋袋底的粉……適量
飼料……少於半量的牧草
香蕉……適量
熱水……少許

①利用少量的熱水泡開少於牧草半量的飼料，再用湯匙壓扁。此時的重點在於要稍微看得到飼料的粉。
②將飼料與提摩西的粉末拌在一起，再逐量加入用於塑形的香蕉，然後將食材捏成一塊。
③利用模型將步驟❷的食材壓成厚度小於1公分的餅乾。
④將步驟❸的食材排進烤箱或氣炸鍋，再於上方蓋一層鋁箔紙，以免烤焦。可用手撕成小塊的硬度是最佳的結果。（關本ayame & utan）

各種自製的蔬菜與菜葉點心

接下來就由飼主親自告訴我們，家裡的兔子都喜歡吃哪些自製的蔬菜與菜葉點心！

◆一口氣製作一些蘋果乾備用

我家很常使用食物乾燥機製作蘋果乾。我的習慣是將約2～3顆量的蘋果片放進機器烘10個小時。在睡覺之前按下開關，早上就烘好了。通常會與可重覆使用的矽膠乾燥劑一起放入保鮮瓶保存。（rie & uichirou）

◆餵食之前要先檢查

雖然也可以餵新鮮的蔬菜，但是一次餵不了太多，所以通常會烘乾蔬菜。胡蘿蔔的葉子很大片，若能先編成像花圈的樣子再乾燥，之後就很好餵，看起來也很可愛。要餵食乾燥蔬菜之前，一定要確認一下有沒有發霉或是長蟲。（nichiko & nichi）

◆水耕栽培蔬菜的點心

香芹或芹菜很常是以水耕栽培的方式種植。若是養在陽光充足的窗邊，記得要常常換水，插進水裡的時候，要注意切口的方向，也要剪掉下方的葉子，選容器的時候，也要選擇能以較大的間距種植的類型。如此一來，蔬菜就會長出如上方照片般完整的根部。（美佳 & mu & emu）

◆利用枇杷葉自製的點心

由於每年都會從農家收到許多枇杷葉，所以我都會把這些枇杷葉做成點心。製作時，會用舊牙刷將枇杷葉背面的細毛刷掉，然後攤在報紙上面靜置一晚，之後再放入曬乾網蔭乾兩個月，等到變得乾乾脆脆的再餵兔子吃。（U & poyo）

4. 在陽台打造迷你菜園

種植蔬菜

家庭菜園能讓我們隨時餵兔子吃新鮮現採的蔬菜。如果是家裡自己種的蔬菜，當然可以無農藥、無化學肥料，也能放心地餵兔子吃。有許多蔬菜不一定要種在田裡，可直接種在陽台的花盆裡，尤其有許多兔子愛吃的葉菜類蔬菜，哪怕是園藝初學者也能種得好，所以讓我們在陽台打造一個兔子也會很喜歡的迷你菜園吧。

或許大家會擔心，不用殺蟲劑會不會引來很多害蟲這件事，但只要每天細心的照料，就能避免害蟲孳生。從葉子上方澆水，將盆栽放在通風良好的場所，在花盆底下墊花盆底網就能預防害蟲。假設還是發現害蟲，要記得立刻摘除，如果怎麼做都無法避免害蟲來襲，建議用防蟲網包住盆栽。

此外，盆栽的土壤可選用赤玉土混拌培養土的類型，或是選購「蔬菜培養土」的有機培養土。

◆小松菜的種植方法

一開始讓我們挑戰初學者也能快速上手的小松菜吧。澆水時，記得從葉子上方往下澆，讓土壤的每個角落都澆到水。由於夏季容易出現害蟲，可利用防蟲網罩住盆栽。

要準備的工具

花盆、培養土、花盆底網、
盆底石（大顆的赤玉土）、
小松菜的種子

1 土壤的事前處理

先在花盆底部鋪好花盆底網，再鋪一層盆底石，然後鋪一層培養土。

2 播種

利用衛生筷在土壤表面劃出淺溝。如果要種兩排小松菜，兩條淺溝的間距必須在10～15公分之間。播種的間距為1公分，播種後，覆蓋5公釐厚的土壤再輕輕壓緊表面，然後大量澆水。

3 間苗

經過一週左右，長出1～2瓣主葉後，於3～4公分的間距間苗。接著將土壤往剩下的幼苗堆，固定幼苗的根部。假設之後植株之間的間隔還是太密，可在長到10公分左右進行第二次的間苗，此時摘取的植株可餵兔子吃。

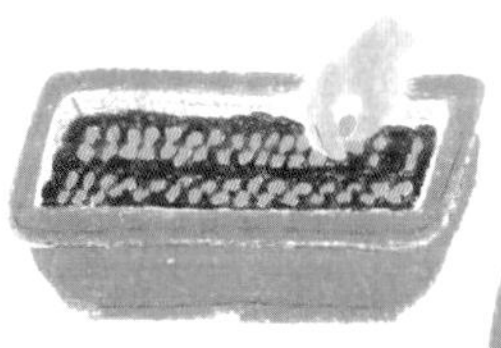

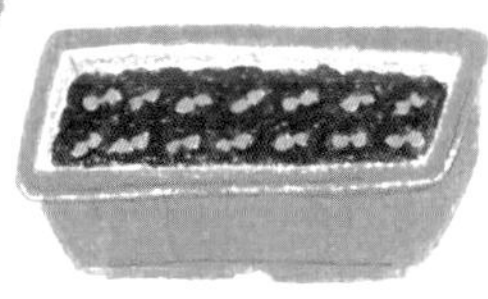

4 收成

植株長到20～25公分即可收成。可利用剪刀從根部剪取，也能直接將大片的葉子摘下來。

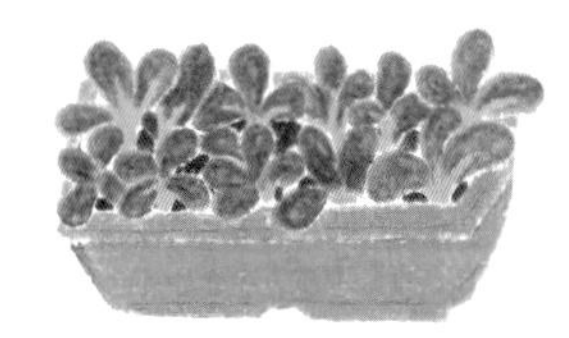

種植重點

春夏兩季容易出現蚜蟲，所以若是擔心這個問題，可在播種時，罩上防蟲網。由於可從防蟲網上面直接澆水，因此可只在間苗、堆土或收成時才拿掉防蟲網，或者也可以改在秋季播種，降低蟲害的風險。

◆可在陽台種植的蔬菜

小松菜

耐熱、耐寒，幾乎可全年種植的蔬菜。播種時間為3～10月。播種之後，約30天即可收成，很推薦新手挑戰。

香芹

可輕鬆栽培之外，還能度過嚴苛的冬天，所以能長期收成。播種時期為3～4月。

迷你胡蘿蔔

播種時期為3～5月與7～9月。約70天可收成。迷你胡蘿蔔的葉子很容易招來害蟲，一看到就得立刻除蟲。

櫻桃蘿蔔

播種時期為3～6月與8～10月。一如在日本的別名「二十日蘿蔔」，櫻桃蘿蔔從播種到收成只需要30天。

芝麻菜

又稱火箭菜，種子多以別名銷售。通常會在4～6月、8～10月播種，一個半月左右即可收成。

紅葉萵苣

建議從幼苗開始種。種苗的時間為4～5月、9～10月，等待一個月左右就能收成。

迷你青江菜

播種時期為4～9月為止。播種後20～30天，植株長到10～15公分左右即可收成。青江菜雖然耐熱、耐寒，但夏季特別容易招來害蟲，所以要時時注意害蟲的問題。

高麗菜

只要有一個大型花盆就能在陽台種植高麗菜。種苗的時間為8～10月。高麗菜喜歡陽光，卻不太耐熱，所以要避開溫度太高的環境。

種植香草

香草為多年生草本植物，可採收的時間比蔬菜更長，所以更能享受種植與收成的樂趣。檸檬香蜂草、薄荷、百里香、鼠尾草這類香草不太會引來害蟲，也不太需要照料，所以最適合在陽台種，而且飼主也能在料理或是在泡茶的時候加入這些香草。

基本上，香草會從幼苗開始種，長到一定程度後，即可剪株順便收成。從種子開始種也是可以，但初學者從幼苗開始種，可減少失敗的風險，而且幼苗也比較容易買得到。

◆檸檬香蜂草的種植方法

基本上，就是在香草成長的時候，一邊剪株一邊收成而已。將盆栽放在陽光充足的場所，土壤乾了就大量澆水。如果長得不太好就分株，移到其他的花盆裡。

要準備的工具

花盆、培養土、花盆底網、
盆底石（例如大顆的赤玉土）、
檸檬香蜂草的幼苗

1 種苗

在花盆的底孔鋪花盆底網，再鋪一層盆底石，接著倒入六分滿的培養土。

從苗盆取出種苗後，用衛生筷撥開根部。

將種苗的根部種入事先預備的花盆，深度大概是苗株被一層薄薄的土覆蓋的程度，然後澆灌大量的水。

2 追肥

成長期需要定期追肥。在距離根部略遠的位置挖出小洞，再放入油粕追肥。

3 收成

植株長高後，可剪株順便收成。剪株時，記得留下從根部算起10～15公分高度的植株。

挑戰混種

熟悉蔬菜與香草的種植方式後，可試著挑戰「混種」。方法很簡單，就是先選好要混種的幼苗，然後將育苗盤放入花盆裡，再於適當的位置種下幼苗即可。播種時，可以選擇數種混合的萵苣種子，或是於市面銷售的綜合種子，如此一來，就能在一個花盆裡打造小小的沙拉菜花園，享受各種蔬菜的風味。

挑選混種的植物時，建議選擇生長條件接近的種類，例如都選擇喜歡日曬或是通風良好的環境的植物會比較理想。如果想種較多種的葉菜類，則建議選擇性質較為接近的種類，以降低失敗的風險。用於混種的花盆最好大一點，也不要一口氣種太多，以免植物長不大。

香草與蔬菜也能一起種，如此一來就能以搭配種植的方式混種一些驅蟲的植物，例如高麗菜搭配洋甘菊或百里香、鼠尾草，或是胡蘿蔔搭配香芹、櫻桃蘿蔔搭配香葉芹，都是能餵兔子吃的組合，也有驅蟲與增加收成量的效果。

這是廚房香草的混種範例。甜羅勒、紫羅勒、德國洋甘菊、迷迭香同在一個花盆裡。

兔子的糞便可當成肥料使用

利用花盆種植蔬菜或香草的時候，通常會需要追肥。若以有機肥料代替化學肥料，有機肥料要等到被微生物分解才會產生效果，所以得等上一段時間。就市售的有機肥料而言，適合用來追肥的是分解相對快速的油粕。這類肥料可埋在距離根部一段距離的土裡，或是用水調開，當成液肥使用。

兔子的糞便也能當成肥料使用。其實利用糞便堆肥，是最理想的方式，但若只養一隻兔子，可能很難收集到足量的糞便。若能收集到足夠的糞便，可直接撒在花盆裡，再覆上一層薄薄的土，避免糞便吸水而散掉。這種堆肥方式不僅可用來種植蔬菜、香草，也能用來種植觀葉植物、花卉與樹木。

將兔子大便撒在野草莓根部當肥料。

小型廚房花園

此外，很建議大家試種在廚房就能養活的再生蔬菜。如果要種胡蘿蔔或白蘿蔔，可將切下來的蒂頭放入容器裡，再倒入高度不會淹過蒂頭的水量。葉子變長後，就能摘下來餵兔子吃。假設要種鴨兒芹、旱芹或小松菜，可先在海棉墊挖幾個洞，再將切下來的根部種在洞裡，並澆水。

假設要種綠花椰菜或芝麻菜這類蔬菜的嫩芽，而且是要以水耕的方式種植，可先在容器鋪一層厚厚的餐巾紙，吸乾水分再播種。請務必購買種植嫩芽專用的種子。

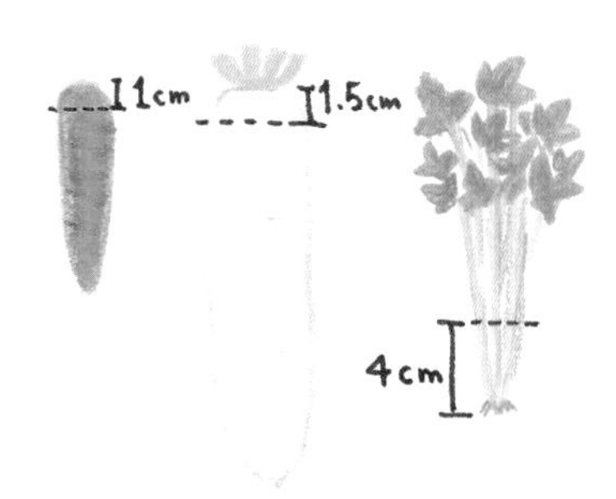

再生蔬菜

胡蘿蔔這類根莖類蔬菜可從蒂頭開始種，鴨兒芹或旱芹這類葉菜類蔬菜可從根部開始種。

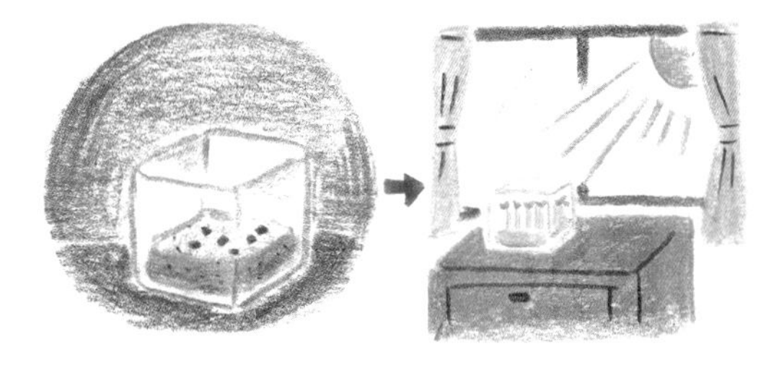

水耕栽培

先在陰暗的場所（視種類而定）讓植物發芽，長到5公分之後，再移到陽光充足的場所。

5. 種植牧草

把新鮮的牧草當成兔子的大餐

雖然平日餵食的牧草以乾草為主，但其實兔子也愛吃新鮮的牧草，因為這種牧草更接近在大自然吃到的野草。為了方便當成家畜的飼料餵食，牧草通常會是能快速茁壯的種類，所以也很適合在家裡自己種。雖然得種在田裡，才有可能種出市售牧草的長度，但其實種在花盆裡，也一樣能種到可以餵兔子吃的狀態。在院子或陽台種植牧草，當成大餐而不是平日的餐點餵食的話，兔子肯定會吃得很開心。

市面上有專為寵物提供、少量銷售的牧草種子，可於寵物專賣店或是網路上購得。除了種子之外，也有包含花盆與土壤的栽培組合，甚至還買得到專為兔子設計的組合。

◆自己種植牧草

義大利黑麥草

義大利黑麥草是禾本科1～2年草本植物，在日本通常是當成家畜的飼料種植。這種牧草具有耐寒的特性，能在低溫短日照的環境下成長。

燕麥草

燕麥草是禾本科的1年草本植物，也被稱為高纖維牧草。在寵物用品專賣店被稱為「貓草」，常以栽培組合或盆栽的方式銷售。

提摩西

提摩西是禾本科的多年生草本植物，只要種植一次就能長期收成。雖然耐寒，卻不耐高溫。

白三葉草

白三葉草是豆科的多年生草本植物，最常見的有白花苜蓿以及紅花苜蓿，可在冬去春來的時節收成。

◆牧草栽培組合

義大利黑麥草的栽培組合

這個栽培組合包含種子、培養土、塑膠容器，讓義大利黑麥草的栽培過程變得更輕鬆。

大麥嫩葉的栽培組合

大麥嫩葉很少以新鮮牧草方式銷售，而這個組合可讓飼主在家種植大麥嫩葉。這個組合內含種子、培養土與塑膠容器。

提摩西的栽培組合

除了包裝本身就是花盆之外，這個組合還內含提摩西的種子與土壤（2種），也有附上栽培說明書。

種植牧草的方法

牧草最好在陽光充足、通風良好的場所種植。雖然可以大量澆水，但千萬別澆過頭，以免種子與根部腐爛。

播種後，大概要等2個月才能收成，也可以在結穗之前就收成。若是以土壤較少的容器種植，建議在植株長到15公分以上的時候剪取。如果在長時間栽培後，發現牧草長得不太好，葉子的顏色也變淡，就代表肥料不足，此時請記得要追肥。

害蟲是種植牧草時常見的問題，尤其天氣暖和時，蚜蟲就會出現。只要發現有蚜蟲，就要立刻除蟲。

◆義大利黑麥草的種植方法

準備的工具

花盆、培養土、花盆底網、盆底石（例如大顆的赤玉土）、義大利黑麥草的種子

1 土壤的事前處理

先在花盆的底部鋪好花盆底網，再鋪一層盆底石，然後倒入園藝專用的培養土。

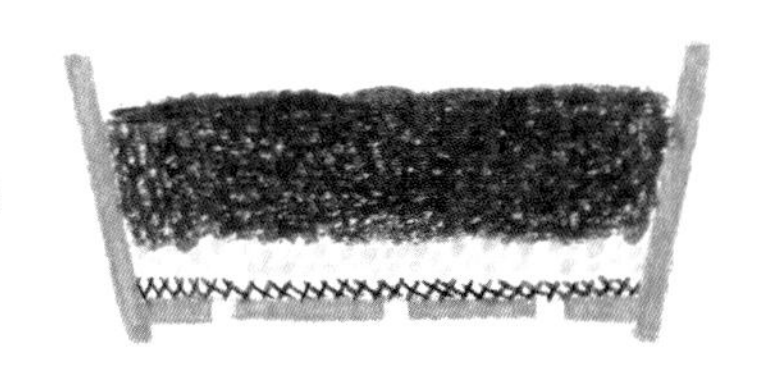

2 播種

利用衛生筷或手指在土壤表面劃出淺溝。若要種兩排，請讓兩條淺溝的間距保持3～4公分。播種後，輕輕覆上土壤，再大量澆水。建議選用孔洞較密的澆花器。記得澆水時要讓蓮蓬頭朝上，讓水緩緩地淋在土壤表面，這樣種子才不會被沖走。在發芽之前，請常常澆水，保持土壤溼潤。大概4～5天就會發芽。

3 間苗

發芽後，若發現長得太密，可進行間苗作業，隔出5～6公分的間距。

4 收成

植株長高後，記得在結穗之前就收成。可利用剪刀從根部剪下來。

利用花盆種植的義大利黑麥草。

大快朵頤剛收成的義大利黑麥草。

※義大利黑麥草的穗有尖刺，所以要在結穗之前就收成，才能餵給兔子吃。

6. 一起去摘野草吧

餵食野草的好處

在我們身邊自生的野草比蔬菜、牧草更接近兔子在大自然吃的植物，其中有些也像是日本過年必吃的七草般具有療效。若能摘一些於不同季節生長旺盛的野草來餵，肯定能替兔子補充營養。

對飼主來說，摘野草也比購買蔬菜或香草來得省錢，但是有些野草的藥效很強，所以要避免大量餵食同一種野草，否則很有可能會因此中毒。摘野草的時候，請盡可能多摘幾種（關於哪些野草可以餵食，請參考67頁的說明）。能少量餵食各種植物也是摘野草的好處。

製作野草地圖

遇到災害時，有可能買不到兔子的食物，所以事先確認野草的生長地點，就能因應緊急情況。

我們無法預知災害何時發生，在綠意稀薄的冬天發生也不足為奇。蒲公英、薺菜、繁縷會以花圈的模樣，讓葉子貼在地面，以度過嚴寒的冬天。只要往日照充足的地點尋找，應該就找得到這些野草。此外，常綠樹之一的枇杷樹即使到了冬天也不會落葉。

建議大家利用植物圖鑑，確認住家附近有哪些一年四季都可摘的野草，製作一張屬於自己的野草地圖。

摘取野草的地點

◆適合摘取野草的場所

適合摘取野草的地點有深山、河堤與自家的庭院。要注意的是，要在私人土地摘野草，必須先得到地主的同意。如果隔壁鄰居的院子裡長了一些野草，千萬別莫名其妙闖進去，而是要先打個招呼，請鄰居分一點給你。不管是在哪裡摘取野草，都必須確認這些野草沒有被殺蟲劑汙染。假設身邊也有朋友在摘野草，不妨問問他們都在哪裡摘。

在安全的地點採取野草吧。

事先製作居家附近的野草地圖。

公園的雜草當然也可以摘，但很有可能已經被殺蟲劑或除草劑汙染，盡可能不要在草皮看起來青青綠綠，但附近的雜草卻很少的地點摘，也不要在容易招來蟲子的樹木附近摘。摘取野草之前，請務必先詢問公園管理處，了解哪邊噴灑了上述藥劑。

◆不適合摘取野草的地點

路旁的野草很有可能被汽車的黑煙汙染，而這些黑煙造成的汙垢很難洗掉，所以盡可能不要在車多的地方摘野草。旱田或水田周圍也不是能摘野草的地點，因為這些地方極有可能已經被農藥汙染。

此外，也別在水位漸高的河川或是有可能發生土石流的地點摘野草。

摘取野草的時間點

連日晴天的日子是最適合外出摘野草的時機。被雨打溼的野草含有較多的水分，兔子吃了會拉肚子，也不利保存。此外，明明是晴天，表面看起來溼溼的野草也不要摘，因為有可能已經被除草劑汙染，也有可能是狗狗或貓咪的尿液。請盡可能在葉子表面乾燥的地點摘取野草。

摘野草時的注意事項

☐有無受到殺蟲劑、除草劑的汙染

☐有沒有被沾溼

☐葉子或莖部是否有蟲

☐地點是否危險

☐不可在私人土地摘取，必須事先徵得地主同意

☐摘取之前，先透過圖鑑確認種類

摘取方法

準備出門摘野草的時候，建議穿長袖、長褲，尤其要去的是深山或是野草茂密的堤防時，更應該穿上長靴，確保安全。要準備的東西有保護雙手的棉手套或橡膠手套，還有割草的剪刀或鐮刀，以及用來存放野草的籃子（避免野草悶著），也可以準備一本野草圖鑑，用來確認野草的種類。假設是紫外線強烈的時期，不妨另外準備帽子與太陽眼鏡。

在割草之前，請先根據圖鑑確認野草的種類，以免不小心摘到毒草。割草時，也要從汙染較少的嫩芽末端下手。

未受殺蟲劑汙染的地方當然會有比較多的蟲。雖然有這些蟲代表這地方的野草沒問題，但還是不能餵表面有蟲子的野草給兔子吃。摘草之前，請先檢查葉子的背面或是莖部沒有蟲子。

摘完野草後，請盡可能趁新鮮餵給兔子吃。如果擔心表面的髒汙會讓兔子吃了不舒服，請用水洗乾淨。

有些草受熱後會產生毒性，所以請快點帶回家餵兔子吃，當然也不要放到變質才餵。如果一口氣摘了很多野草，不妨先曬乾，才方便保存，例如攤在篩網、報紙上，然後放在通風良好的地點曬乾，都是不錯的方法。

COLUMN

具有毒性的植物

在我們的生活之中，有些植物其實有毒，例如院子裡的某些植物或是客廳裡的觀葉植物都可能具有毒性。下列介紹的都是具有毒性的植物，( ) 之內的是具有毒性的部位，千萬別讓兔子不小心吃到喲。

一～五劃
天堂鳥（全株）
日本鹿蹄草（全株）
木蘭（樹皮）
毛地黃（葉子、根部、花朵）
水仙（鱗莖）
仙客來（根莖）
白屈菜（全株，尤其是黃色汁液有毒）
白花八角（果實、樹皮、葉子、種子）
等等

六～十劃
交讓木（葉子、樹皮）
夾竹桃（樹皮、根部、樹枝、葉子）
杜鵑花（葉子、根皮、花蜜）
沈丁花（花朵、葉子）
牡丹花（汁液）
其他
刺槐（樹皮、種子、葉子與其他）
孤挺花（球根）
彼岸花（全株、尤其以鱗莖有毒）
爬牆虎（根部）
金鏈花（樹皮、根皮、葉子、種子）
南天竹（全株）
毒芹（全株）
秋水仙（塊莖、根莖）
紅豆杉（種子、葉子、樹幹）
美洲商陸（全株、尤其以根部、果實有毒）
風信子（鱗莖）
桔梗（根部）
海棠花（全株）
琉璃飛燕草（全株、尤其是種子）
胭脂紅孔雀（全株）
馬蹄蓮（草液）
等等

十一～十五劃
側金盞花（全株、尤其以根部有毒）
堆心菊（全株）
常春藤（葉子、果實）
曼陀羅花（葉子、全株、尤其是種子有毒）
牽牛花（種子）
荷包牡丹（根莖、葉子）
番茄（葉子、莖部）
博落回（全株）
無花果樹（葉子、樹枝）
紫茉莉（根部、莖部、種子）
菖蒲（根莖）
聖誕玫瑰（全株，尤其根部有毒）
聖誕紅（從莖部流出的樹液與葉子）
萬年青（根部）
鈴蘭（全株）
鳳仙花（種子）
蔓綠絨（根莖、葉子）
魯冰花（全株、尤其以種子有毒）
等等

十六～二十劃
蕁麻（葉子與莖部的刺毛）
龜背芋（葉子）
黛粉葉芋（莖部）
等等

part
5

不同目的的餵食方式

當兔子的壽命延長，代表與老兔子一起生活的時間也會變長，所以接下來要為大家介紹該如何餵食老兔子，以及在兔子不同的生長階段要餵食哪些適當的食物。順便帶著大家一起了解在面對嬌小的兔子與容易肥胖的兔子時，該如何依照牠們的特性餵食。同時也會解說在牠們生病時，如何透過餵食幫助牠們恢復健康。

1. 依照不同生命週期調整餵食方式

依照生命週期調整飲食生活

剛誕生的幼兔是由母乳餵大，等到斷奶後便可自行進食，經過發育期的成兔則會慢慢老化。兔子的一生有著上述的生命週期，每段生命週期都有不同的發育程度，活動量也不同，所以需要的營養與熱量也不同。當然，消化道的運作方式也有些不一樣，飼主必須依照生命週期調整餵食的內容，幼兔才能順利成長，老兔才能安穩地度過餘生。

有一點一定要注意的是，每隻兔子的成長速度、老化速度都不一樣，所以千萬別僵化地認定「到了這個年齡就必須改吃這些食物」，也不要突然換掉食物，以免兔子不敢吃。總之要依照每隻兔子在各個時期的狀況，慢慢調整餵食內容。

讓我們先了解每個生命週期的特徵，設計適當的餵食內容吧。

一起出生的兔子兄弟。

兔子的生命週期

斷奶～發育期前期
（8週～約3、4個月）

～性成熟（3～7個月左右）～

維持期
（1歲～約7、8歲左右）

高齡期
（7、8歲以後）

斷奶前的幼兔

要從寵物專賣店或繁殖業者處領養幼兔的話，建議領養6~8個月大的幼兔，因為這時候兔子已經能自行進食。不過也有少數地方販賣出生1個月大，還沒斷奶的幼兔。目前日本的法律禁止販賣還沒斷奶的兔子，但如果真的要將還沒斷奶的幼兔帶回家裡，飼主必須要更加細心地照料才行。

這時期的幼兔的消化道非常敏感，因為這時的消化道正準備從習慣母乳的狀態，轉換至成熟的狀態。成兔的胃部pH值為pH1～2（強酸），能夠防堵病菌入侵，但是斷奶前的幼兔的胃部pH值卻高達pH5～6.5，不僅無法防堵病菌，腸道菌叢也還沒形成，而且幼兔吸收澱粉質的速度比成兔慢，病菌也很容易在盲腸孳生。在這種狀態下的幼兔若是感到壓力（不適應食物、環境、冷暖變化、移動），病菌就會快速增生，進而演變成嚴重的下痢，最終甚至可能因此死亡。

◆斷奶前的幼兔該怎麼餵？

不要突然更換食物

將小兔子接來家裡後，記得先餵牠習慣的食物，等過了一陣子再慢慢更換食物，千萬別突然換掉所有食物。出生3週後的幼兔可吃固態的食物，所以之前若已經開始吃牧草或飼料，建議繼續餵相同的牧草與飼料。

更換食物要慎重為之

如果原本餵的是專用奶，可慢慢減少分量，直到斷奶為止。若想改餵其他的牧草或飼料，可慢慢減少原本的量，減少的分量改由新的牧草或飼料補上。

高營養價的飲食內容

牧草可餵高蛋白質的苜蓿。若想餵飼料，可在發育期或是以苜蓿為主食材的時候餵。假設想餵牧草與飼料之外的食物，建議在3、4個月大之後再餵，而且盡可能餵低澱粉質的食物。

【注意】除了注意飲食內容之外，也要讓兔子住在溫度適宜、低壓力的環境。

兔子專用奶粉

斷奶的幼兔（18天大）

斷奶前的幼兔

- 消化器官正在大幅成長的敏感時期
- 不要突然大幅調整飲食內容
- 慢慢地減少喝奶的量，直到斷奶為止
- 牧草可選擇苜蓿，飼料可於發育期或是以苜蓿為主食材的時候餵食
- 嚴禁餵食高澱粉質的食物

發育期（前期）的幼兔

兔子從出生到一歲大左右的這段期間屬於發育期，發育快一點的兔子可能在3個月左右就性成熟（慢的話得等到7個月大的時候）。生理的成長大概會持續到8個月大，等到1歲之後，生理與心理都成熟的兔子就算是成兔了（但每隻兔子的成長速度都有差異）。接下來要將兔子的發育期分成兩段介紹。首先介紹的是出生3、4個月大的發育期（前期），其次則介紹到1歲左右的發育期（後期）。

一如前述，若要領養兔子，最好等到兔子6～8週大，而這段時期的兔子需要的是促進身體成長的營養，也是直到生命結束之前所需的基本飲食生活。基本上，這時候的飲食必須含有高蛋白質與適量的鈣質，這是成長不可或缺的營養。

此外，也要讓兔子習慣牧草與飼料這類基本飲食內容。在腸道菌叢尚未形成之前，要餵食固定的食物，不要每天都餵兔子吃不一樣的食物。

◆發育期（前期）的幼兔該吃什麼

飼料要餵兔子吃得完的量

常有人說，發育期的兔子不需限制飼料的餵食量，但也不能一看到盤子空了就立刻補上。基本上就是早上餵的，到了傍晚都吃光的分量為最理想。飼料的種類可挑選發育期專用或是以苜蓿為主原料的種類，其中又以澱粉質較低的種類最為理想。

讓兔子攝取足量的飼料與牧草。

餵食苜蓿

請以高營養價的苜蓿為主食。兔子長到3、4個月大之後，可開始餵提摩西這類禾本科牧草，此時請酌量摻入苜蓿裡。

成兔可將牧草當成主食，但以早上與下午各一小撮的量為標準。

除了飼料、牧草與飲水之外，不要餵食其他食物

請餵食固定的食物，直到腸道菌叢的狀況穩定為止。蔬菜可等到3、4個月大才開始餵食。

不要隨便調整餵食內容

斷奶後的兔子與斷奶前的情況一樣，要更換飼料或是牧草，最好拉長更換的時間。一開始先餵在寵物專賣店或繁殖業者處吃的種類，之後調整飲食內容時，時間最好也要拉得比成兔更長（2～3週左右）。

先了解母兔的喜好

如果是從繁殖業者或有進行繁殖的寵物專賣店領養兔子，不妨先了解母兔都喜歡吃哪些食物，因為兔子有可能喜歡吃媽媽愛吃的食物。

發育期（前期）的幼兔

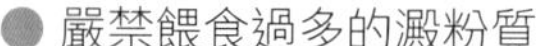

- 兔子吃習慣牧草與飼料的時期
- 牧草可選擇苜蓿，飼料可選擇發育期專用或是以苜蓿為主原料的種類
- 可慢慢摻入提摩西這類禾本科的牧草
- 嚴禁餵食過多的澱粉質

發育期（後期）的幼兔

3、4個月到1歲左右的幼兔會逐漸茁壯，也開始學習獨立自主，所以這個階段的飲食重點在於讓牠們健康茁壯。此時可將餵食的重點從飼料換成牧草。如果獸醫師沒特別告誡要減肥，請不要讓兔子減肥（減重）。

此外，這也是讓兔子熟悉各種食材的最佳時機。3、4個月大的時候，腸道環境已趨於穩定，所以可餵食一些飼料與牧草之外的食物。這時候的兔子可說是好奇心高過警戒心的年紀，如果能在此時讓牠們熟悉各種食物，就比較不會在長大後拒吃陌生的食物。請盡量試著餵食各種可餵給兔子吃的食物。

這時候也可以幫助兔子培養良好的飲食習慣。在餵食各種食物的過程中，會發現兔子特別喜歡吃的食物，但此時還是得讓牠們吃飼料或牧草，千萬別讓牠們以為耍脾氣就可以吃到喜歡的食物。

◆發育期（後期）的幼兔該餵什麼

慢慢減少飼料的量

此時該慢慢減少飼料的量，讓牠們多吃牧草。建議依照包裝的建議量（基本上是體重的5%，但每種飼料的建議量都不同）餵食飼料，但是要慢慢地減少，別一下子全換成牧草。

增加牧草的餵食量

餵食足量的牧草就能預防兔子常見的消化道疾病與牙齒的問題，所以最好讓牠們養成多吃牧草的習慣。飼主可餵發育期的兔子吃苜蓿，也可以另外餵提摩西這類禾本科的牧草。長至成兔後，可改以禾本科的牧草為主食，所以需要花多一點時間慢慢調整苜蓿與禾本科牧草的比例。

增加可吃的食物

建議大家慢慢地增加蔬菜、野草這類食材，但先從一種開始餵起，而且分量也不要太多，同時要觀察糞便有沒有因此變軟。改變餵食內容以及餵食新食物的時候，請務必觀察排泄物的狀況。

確認成長狀況與健康狀態

每隻兔子的情況雖然不太一樣，但體型在八個月大之前通常會持續長大，飼主可確認兔子的體重是否順利增加，體格是否變得更結實。假設兔子吃比較多的牧草，大便也會跟著變大。

如果調整了兔子的食物種類，或是餵了新的食物時，更要仔細觀察排泄物有無異狀。

發育期（後期）的幼兔

- 觀察體重是否順利增加，體格是否慢慢茁壯
- 讓牠們多吃牧草
- 同時餵食苜蓿與提摩西
- 嚴從可以吃的食物（例如蔬菜）開始餵

蔬菜可在3、4個月大之後開始餵。

成兔

兔子1歲左右時就算是成兔了，身體會停止成長，思春期（性成熟之後，成為獨立的個體，有了地盤意識，攻擊性也可能變強的時期）的騷動也跟著平息。若想替兔子進行避孕或去勢手術，可在性成熟到1歲大這段時間進行。

兔子從1歲到高齡期的7歲差不多是人類的壯年期或中年期，這段時間的兔子稱為「成兔」，而這段時期也稱為「維持期」。此外，專為不同生命週期設計的飼料之中，也有「維持期」這種產品。

隨著動物醫療與飼養環境的進步，兔子的壽命愈來愈長，即使年屆高齡期，也還能陪著飼主生活好一段時間，所以要讓高齡期的兔子長保健康，就必須重視成兔時期的生活，讓牠們的健康狀況維持在高檔，為牠們存夠「健康存款」。

此外，高齡期的兔子比年輕時容易生病，有時甚至需要有人在旁看護，所以飼主與兔子都要習慣針筒餵食，才能讓兔子有正常的飲食生活。

◆成兔的飲食生活

逐步減少飼料的量

成兔的飼料理想餵食量為「體重的1.5%」，建議從發育期的餵食量慢慢減少至這個理想餵食量，同時還要讓兔子攝取大量的牧草。

唯一要注意的是，不是所有兔子都適用「體重的1.5%」這個規則，主要還是要讓兔子維持健康以及健壯的體格。假設在減少飼料的過程中，發現兔子變得「瘦弱」、「毛色暗淡」，就要增加飼料的量，直到兔子能維持體格的程度，這才是所謂的「理想量」。

以禾本科牧草為主食

成兔的主食通常是提摩西這類禾本科牧草。記得隨時在籠子裡準備這類主食，讓兔子想吃就吃得到。

提摩西一割是最理想的牧草，但有時候兔子不一定愛吃，此時不妨改餵其他種類的禾本科牧草，讓兔子大量攝取，如此一來，也能預消化道與牙齒的疾病。

換飼料必須慎重

如果想從發育期專用的飼料換成成兔（維持期專用）或是其他種類的飼料，請擬定一份長期計畫。有些兔子很排斥新食物，一換新飼料就完全不吃。為了避免這類情況出現，可在準備換飼料的時候，先摻一點在舊的飼料裡，慢慢地讓新飼料取代舊飼料。

如果是很挑食的兔子，就算是同一種飼料，只要是新開封的也有可能不吃；原料有些不同或是有些微差異，也有可能不吃，所以還是慢慢以新開封的飼料取代舊飼料會比較保險。

再者，除了更換飼料之外，大幅度更換其他食物，有可能會摧毀原有的腸道菌叢，導致兔子出現下痢、軟便的問題，所以在更換食物時，千萬要謹慎為之。

成兔（維持期）

- 身體停止成長，身心都穩定的情況
- 飼料的理想餵食量為「體重的1.5%」
- 以禾本科的牧草為主
- 餵食適量的蔬菜，不影響主食的攝取

餵食適量的蔬菜

蔬菜每天可平均餵食3、4種，但不可影響牧草與飼料的攝取量。請盡量餵兔子吃多種蔬菜與野草，同時從餵食的過程中，找出兔子愛吃的種類，之後就能在兔子食慾低落的時候，利用牠愛吃的食物，幫牠恢復食慾（若是因為生病而食慾不振，就得帶去醫院接受治療）。

牧草好好吃啊。

COLUMN

讓兔子習慣針筒

兔子生病或是年老時，偶爾得利用針筒餵藥或餵食。這對飼主與兔子來說，都是一件很有壓力的事，所以建議大家趁兔子還小的時候，就先讓牠們習慣針筒。偶爾利用針筒餵點心或是少量的蔬菜汁，讓兔子記住針筒裡面的東西很好吃。

與動物醫院說明緣由後可買得到針筒。市售上也有餵食器、餵針筒這類用來灌食的器具。

利用針筒灌食飲料時，要特別注意誤嚥的問題（食物不小心進入氣管，而不是食道的情況）。在餵兔子之前，最好練習一下，才能知道多少力道能擠出多少飲料。

COLUMN

懷孕與哺乳時的兔子該吃什麼

兔子懷孕時，腹中的兔寶寶是透過胎盤與卵黃囊吸收來自母體的營養，而母兔是否攝取了足夠的營養，會對胎兒造成直接的影響。假設母兔無法攝取足夠的營養，胎兒的成長率有可能會降低，胎兒出生之後的成長速度或壽命也可能因此受到影響。

幼兔出生後，可透過母乳攝取影響。兔子的乳汁含有10.4%的蛋白質、12.2%的脂質、1.8%的糖分（節錄自「實驗動物的生物學特性資料」）。

母乳又以初乳的營養為高，也含有許多保護幼兔的免疫物質，是非常珍貴的食物，母兔也需要能安心哺乳的安靜環境。

兔子養育下一代的方法非常特別，一天只餵乳1、2次，每次只餵3～5分鐘。母兔不會一直黏在幼兔身邊，卻會分泌足夠的優質母乳。壓力、營養與飲水不足都有可能導致母兔無法分泌足量的母乳。

正在懷孕或哺乳的母兔必須攝取適量的食物與充足的飲水。如果已經攝取了足夠的飼料與牧草，就不要再餵母兔吃高熱量、高蛋白質與高鈣質的食物，但是母兔如果愈來愈瘦，攝食量愈來愈低，或許就該餵苜蓿或是一些高蛋白質的食物。

高齡期的健康兔子

在過去，5歲的兔子都算是高齡，但現代，很多兔子都很長壽，活到7、8歲的兔子也算多。

不過，每隻兔子的身體狀況都不一樣，有的到了10歲都還很健康，不需要飼主在旁照顧；有的則很早就出現各種老化現象；有的則是看起來很健康，帶去做健康檢查也沒有任何毛病，有的則有一些難以察覺的健康問題。

在此為大家說明需要與不需要飼主照料的高齡期兔子。

要先請大家記住的是，就算看起來很健康，高齡期的兔子還是會因為年紀增長，而有隱性老化的問題。

此外，有些身體上的變化與老化沒有關係，是疾病造成的，此時最好帶去動物醫院治療或是定期讓兔子接受健康檢查，也要聽取獸醫在餵食內容上的建議。

有些兔子會在年老時改變長期以來的口味，進食的方法也會有所變化。讓年老的兔子保持心情輕鬆是件非常重要的事情，比起硬要牠們「吃某些食物」，讓牠們吃想吃的，從中找出能照顧牠們健康的食物才是比較理想的方式。

◆與食物、老化相關的變化

在常見的老化現象之中，有些是與食物有關的變化。下列就為大家介紹這些改變，不過每隻兔子的情況都不一樣，不一定都能看到這些變化。

・啃東西的肌力衰退，花更多時間吃東西。
・啃東西的肌力衰退，吃不了太硬的東西。
・牙齒老化（鬆動、掉牙），咬不動食物。
・消化器官老化，常出現軟便、下痢的問題，或是消化道蠕動緩慢的問題。
・不運動，變得肥胖。
・消化器官老化、進食量下滑，導致肌肉減少，變得瘦弱。
・身體出現疼痛，無法吃盲腸便。
・身體出現疼痛，無法從飲水器喝水。
・嗅覺退化，對食物的味道沒什麼反應，導致食慾低落。

◆高齡的健康兔子該吃什麼

發揮現有的能力

如果兔子還吃得動堅韌的牧草，就不需要因為兔子年老而換成較柔軟的牧草。請一邊觀察兔子進食的情況、體格、大便狀態，再視情況餵食適當的食物。

視需求更換飼料

由於年老的兔子愈來愈多，所以以高齡期兔子為對象的飼料也在種類上增加不少，此時不妨視情況替兔子更換其他種類的飼料。詳情請參考右頁「換成高齡期專用飼料」的專欄。

更換飼料是件大事，非細心進行不可（請參考54頁「更換單一飼料」）。尤其是因為年老而不進食或是因為腸道菌叢情況不佳，而導致體力下滑的情況，更是需要特別注意。

視情況更換牧草

兔子有可能會吃不動提摩西一割這種堅韌的牧草，此時可換成提摩西三割這種柔軟的類型，讓兔子攝取足夠的牧草。此外，如果兔子愈來愈

高齡期的健康兔子

- 以健康狀況、活力是否充沛代替年齡，判斷兔子是否進入高齡期
- 視情況漸進式地調整兔子的飲食內容
- 在餵食方式與增進食慾的環節下工夫

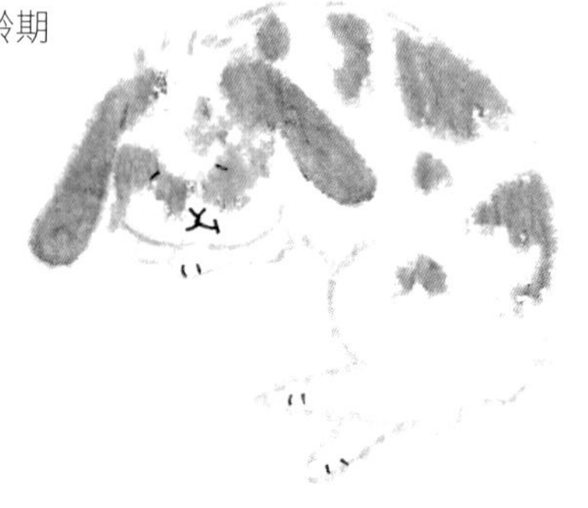

瘦，可在餵食禾本科牧草的同時，另外多餵高蛋白的苜蓿，只是若有鈣尿（參考135頁）的問題，就不能餵太多高蛋白的苜蓿。

為兔子打造高纖生活

最理想的情況是兔子願意多吃點禾本科牧草，不過兔子若不太愛吃牧草，則建議多餵一些高纖食材，不然也可以餵一些原料多為牧草的飼料。如果兔子從小就吃很多蔬菜，當然也可以多餵一些蔬菜。

在餵食方法多花點心思

如果以小兔子的方法餵食年老的兔子，有可能餵不了太多食物，此時必須觀察牧草的容器或餐具是不是放在方便兔子進食的位置。例如將這類容器放在比較低的位置，或是從拉出牧草進食的容器換成直接放在籠子底部的容器，總之可視情況調整餵食方式。

飼主也可以自行加工食物，例如兔子咬不動太堅韌的牧草時，可先將牧草泡軟再餵，也可以先剪成小段再餵。

準備充足的飲水

如果兔子必須抬頭伸長脖子才能喝到飲水器裡面的水，喝水的量與頻率就會降低，此時不妨換成盤子類型的飲水器，為兔子打造一個能輕鬆喝到水的環境。要注意的是，使用盤子類型的飲水器必須經常換水，以免食物的殘渣、排泄物以及掉毛汙染了水源。

如果換了飲水器還是無法改善環境，兔子依然無法攝取足量的水，可改以針筒餵水，或者把飲水器的出水口拉到兔子嘴邊，餵兔子喝水。

找出促進食慾的祕密武器

若不是因為生病而食慾低落，可餵餵看適口性高的食物、香氣茂盛的蔬菜，或是葉子經過搓揉就會散發香氣的牧草，這都有可能喚醒兔子不振的食慾。雖然太常餵點心會有健康上的問題，但是點心的確能促進兔子的食慾，也能讓兔子開心，所以建議在適當的時間點餵餵看。

COLUMN

換成高齡期專用飼料

雖然高齡兔子專用的飼料會在包裝上標明適合餵食的年齡，卻不代表「一到這個年齡，就非得換成高齡專用飼料不可」，從頭到尾只餵全週期的飼料也不會有問題。

要換成高齡期專用飼料的時候，請先確認商品的特性，選擇適合自家兔子吃的飼料。

飼料的營養價通常可分成兩大部分，一是蛋白質與熱量的含量都比成兔專用飼料（維持期專用）還高，讓進食量降低的高齡期兔子也能充分攝取營養的類型。其次是蛋白質與熱量都低於成兔專用飼料的類型，可避免運動量減少的兔子變得太胖。要注意的是，如果兔子很活潑，卻只餵低熱量的飼料，有可能會因此變得瘦弱，此時則需要獸醫諮詢餵食內容。

此外，有許多高齡期專用的飼料都會添加巴西蘑菇純液、葡萄糖胺這類機能性原料，如果希望兔子能因為這類機能性原料改善某些狀況，不妨選購這類飼料。

這是10歲的雄兔。依照兔子的身體狀況設計飲食內容吧。

需要照料的高齡期兔子

假設兔子因為老化而體況大不如前，或是因為生病而無法像過去一樣進食，飼主就得從旁幫助兔子進食。具體的問題像是牙口變得不好，吃不動原本的牧草與飼料，或是腳部與腰部的力量不足，以及脖子傾斜這類神經疾病，而無法維持原本的進食姿勢，都會讓兔子無法順利進食。

攝取量大減會造成瘦弱、熱量不足、體力下滑等問題。飲水不足會出現食慾不振，消化道蠕動變差的問題，嚴重的話，還會出現腎臟病或是脱水現象。

如果家中的兔子需要飼主照料日常生活，有可能會出現環境上的衛生問題，但本書只列出進食上的問題。

此外，如果家裡的兔子牙齒不好，可參考128頁，了解餵食的方法。

◆需要協助進食的兔子

難以維持姿勢的情況

如果家裡的兔子走路搖搖晃晃，難以用四肢撐起自己的身體，就很難順利進食。此時飼主可將兔子誘導到餐具附近，然後用手幫助牠們撐著身體。此外，也可以利用坐墊幫助牠們撐住身體。比方説，利用具有一定深度的平價寵物專用床或是籃子替兔子打造用餐的空間，再將坐墊或捲成棒狀的毛巾塞在兩旁，從左右兩側撐住兔子的身體，最後將餐具放在兔子嘴邊，就能順利餵食。如果手邊有適當大小的U型靠枕也可以拿來使用。

當兔子無法自行攝取足夠的食物，可試著將食物放在牠們嘴邊餵牠們吃。

餵水的方法

如果兔子還能撐著身體從盤子喝水，就繼續以這個方式餵水。兔子若撐不住身體，會在喝水的時候整個臉栽進水裡，這時就應該改以針筒餵水，以確保安全。假設是習慣吃大量蔬菜的兔子，也可多餵一點新鮮蔬菜，幫助兔子攝取多一點的水分。

無法站立的情況

假設兔子只能一直趴著，建議一天分3～4次或更多次將食物拿到兔子嘴邊餵食，也要記得餵水。

有些兔子只要食物在嘴邊就能順利進食。假設飼主需要外出，可試著以這種方式餵兔子吃東西。

需要協助進食的兔子可吃什麼食物？

該餵什麼東西還是要依兔子的狀態與口味而定，如果要餵的是飼料，可直接餵、泡軟再餵或是將泡軟的飼料揉成球狀再餵，也可以打成糊狀，再用湯匙餵食，當然也能用灌食的方式餵（參考134頁）。如果要餵牧草，則可先將軟一點牧草切成小段，方便兔子進食。餵蔬菜的時候，可先切成方便入口的大小。

如何促進兔子的食慾？

飲水不足有可能造成食慾下滑，所以飼主務必餵兔子喝足夠的水。偶爾餵一點兔子愛吃的食物，也能點燃兔子的食慾。此外，現有的飼育觀察資料指出，兔子在早上六點與下午四點～六點這段時間較願意進食，因此不妨在這段時間餵食。餐具的深度與安裝方式也會影響進食，請觀察兔子進食時的模樣，將餐具設置成方便進食的樣子。

高齡期兔子需要協助進食的情況

- 無法自行撐起身體
- 無法站立
- 牙齒不好，無法一如往常地攝取食物

2. 不同類型的餵食方法

依照類型規劃的飲食生活

不論品種是否不同，當成寵物餵養的兔子都算是同一種品種，在草食動物特有的食性與飼養的餵食內容上，牧草都是非常重要的食物之一。

不過，當兔子經過品種改良，成為所謂的家畜之後，有些品種就有了不同的特性，例如有些品種為了提升生產性而出現容易變胖的傾向。

就算養的是同一種兔子，體質上也有容不容易發福的差異，更何況，每隻兔子對於「吃」這件事的個性也不盡相同（吃法或是愛吃的食物）。基本上，兔子的飲食內容是一樣的，所以除了讓牠們保有常規的飲食內容，不妨針對牠們的特性（品種、體質、個性）設計一些有趣的飲食內容，讓牠們吃得更開心。

小型兔的進食內容

荷蘭侏儒兔與海棠兔都屬於小型兔之一。需要特別注意的是，這類小型兔常有下顎太小，導致臼齒咬合不正的問題，尤其荷蘭侏儒兔的個性很神經質，一點點壓力就會造成消化道蠕動趨緩。

小型兔的魅力之一在於「體型嬌小」，但不能為了不讓牠們長大而削足適履，硬是限制牠們在發育期的進食量，還是得讓牠們在發育期攝取適量的食物。

此外，最好能讓牠們攝取足夠的牧草，預防牙齒咬合不正與消化道蠕動不足的問題。

長毛兔的進食內容

最具代表性的長毛兔品種就是英國安哥拉兔這類安哥拉兔，而澤西長毛兔則是經常被當成寵物飼養的長毛兔。

兔子有舐毛的習性，所以常把自己的毛吃到肚子裡。這些毛若能順利排出就沒什麼問題。如果吃進去的毛太多，就有可能會在體內過度囤積，因此飼主不僅要常常幫牠們梳毛，還要餵牠們吃足夠的牧草，增加纖維的攝取量。

作為皮毛原料的蛋白質也需要多攝取。尤其對長毛兔來說，必須在換毛期的時候，餵食一些蛋白質較高的飼料，滿足這時期的健康需求。

小型兔
（左側為荷蘭侏儒兔，
右側為海棠兔）。

長毛兔。圖中為英國安哥拉兔。

容易變胖的兔子該怎麼餵？

兔子容易發福主要有兩個理由，一者是該品種就是容易發福，其次是餵太多點心或是吃太多。不管是上述哪種理由，只要攝取的卡路里高於消耗的卡路里就會變胖。

飼主當然希望兔子長得健壯，卻不會希望牠們變得肥胖，而且肥胖會對健康造成許多影響。所以請餵正常的食物，避免牠們變成小胖子。

◆容易變胖的品種該怎麼吃？

一般認為，垂耳兔與雷克斯兔算是較容易發福的品種，所以要注意牠們的體重。

當牠們進入體格茁壯的發育期，請餵牠們適量的食物，等到牠們長成成兔，就能只餵一般成兔所吃的食物，例如讓牠們攝取足夠的禾本科牧草（提摩西），飼料的分量也要漸漸減少至體重的1.5%。記得讓牠們適度運動，也不要太常餵牠們吃點心。

如果上述這些事情都做到了，牠們還是愈來愈胖，就有必要重新檢討點心是否餵太多，或者需要更換飼料。不過垂耳兔與雷克斯兔本來就是容易長肉的品種，不帶去動物醫院檢查，不一定能確定牠們是否長得太胖。

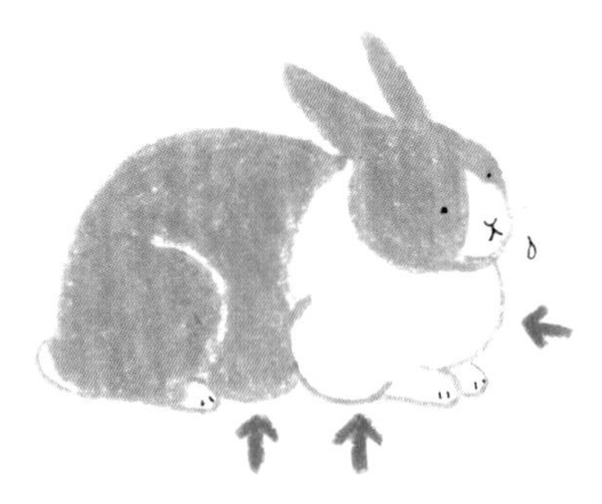

太胖的兔子通常這幾個部位會垂垂的。

太胖的話，兔子就很難自己理毛。

◆吃太多（餵太多）而變胖的兔子該怎麼吃？

食慾旺盛是很健康的，但餵太多食物，害兔子變得太胖就不是什麼好事。如果家裡兔子太胖，請務必重新檢視食物的「分量」與「內容」，如果問題出在餵太多，的確可以少餵一點，但絕對不能餵得太少。如果問題出在內容，可將飼料換成低卡路里的種類，或是少餵一些點心。

全家一起照顧兔子的最大弊病就是每個人都以為自己只餵「一點點」的點心，結果害兔子吃了一大堆。建議全家商量一下，訂出「星期幾由姊姊負責餵點心」之類的規則，對兔子才是好事。

◆減肥的方法

太胖不算是一種病，但過度的肥胖會導致手術與麻醉的風險增高，造成心肺、關節、腳掌的負擔，身上的毛也很難理順，所以容易罹患皮膚病或中暑，總之會併發各種健康上的毛病。一旦變得太胖，兔子就會更討厭運動，然後陷入惡性循環，變得愈來愈胖，此時就必須讓牠們慢慢減肥，以免影響健康。

第一步要先確認兔子是不是真的太胖。請不要單憑體重的數字判斷。荷蘭侏儒兔的理想體重為906公克，但這個數字無法套用在所有荷蘭侏儒兔身上。其他品種的理想體重也應該依照個別的體格決定。先在動物醫院接受診斷，才能確認是不是已經胖到必須減肥，還是因為懷孕或生病才變胖。

具體的減肥方式就是減少過量的食物。如果是餵了太多點心，只要減少點心的量，就能讓兔子減肥。其次是將食物換成低卡路里的食材或是檢視其他食材的品質。一開始可先就點心改善，後續則從飼料開始更換。

完成上述的改善後，也要讓兔子適度的運動。

最不好的方式就是突然大幅減少餵食量（會造成脂肪肝等問題）。

請定期測量兔子的體重，也定期確認體格與觀察大便的變化。

調整點心的量

兔子變胖的原因很多，其中之一就是餵太多點心。用手親餵點心雖然是與兔子互動的一大管道，但是高糖多脂的點心卻是害兔子變胖的元凶。如果要餵水果或是水果乾，建議餵一點點就好。高脂的寵物專用餅乾不太適合當成兔子的食物餵，也不該列入點心的菜單裡。

調整點心的種類

人類常把主食與甜點看成不同的東西，所以只要不是餵給兔子吃的主食（例如牧草或飼料），全部都會歸類成點心（例如水果），但其實兔子根本不會如此分類食物，所以如果不想牠們變得太胖，可以少餵一些點心；如果希望牠們減肥，就停餵高糖多脂的點心。取而代之，可用手親餵當日的飼料，如此一來，不僅能讓兔子攝取到足夠的營養，也能增加與兔子的互動。

調整飼料的分量

基本上，飼料的分量約為體重的1.5%，如果餵得太多，可逐量減少，同時觀察體重的變化。如果餵食的飼料較少，兔子很有可能一下子就吃完，建議用手一顆顆餵，像是餵點心一樣。

確認飼料的內容

飼料當然要選擇營養均衡的類型，不過當兔子沒有因為飼料的餵食量減少而變瘦時，不妨確認飼料的內容，例如換成低卡路里、低蛋白質、低脂肪的飼料，或是將飼料從以苜蓿為主原料的種類，換成以提摩西牧草為主原料的種類。

唯一要注意的是，換飼料必須謹慎為之（參考54頁）。

餵足量的禾本科牧草

點心或飼料的空缺可由禾本科的牧草補足。這麼做可讓兔子減肥，也能促進兔子牙齒與消化道的健康。

此外，牧草與飼料不同，需要多花一點時間咀嚼，所以能滿足兔子「花時間吃草」的天性，也能幫助牠們緩解壓力。

檢視其他食物

胡蘿蔔是常餵給兔子吃的蔬菜之一，卻也是醣質較高的蔬菜，若是兔子正在減肥，就應該少餵一點給牠。

減肥時，要透過觸摸確認兔子的體格。

定期量體重。

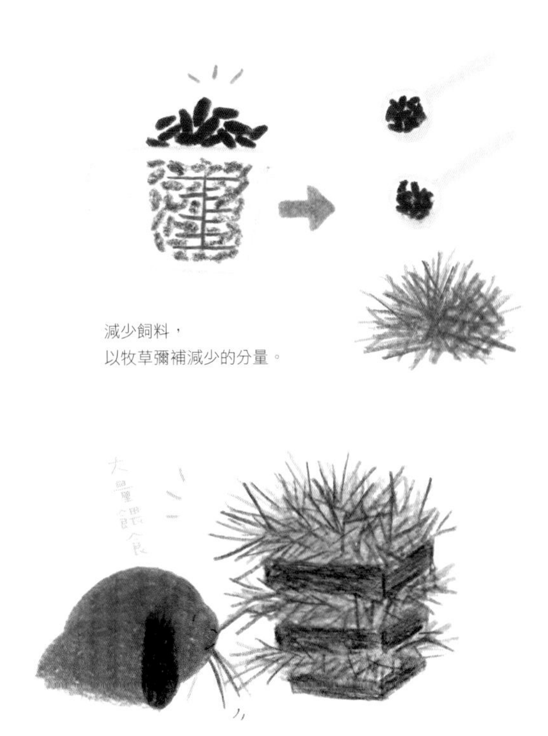

減少飼料，以牧草彌補減少的分量。

隨時讓兔子吃夠牧草。

太瘦的兔子該怎麼餵？

假設餵食的量正常，且運動量非常大，兔子應該會變瘦，但家兔很難有足量的運動。若是因為生病而變瘦當然得帶去醫院治療，但更常見的是飼料餵得太少才變瘦。雖然肥胖不是好事，但太瘦也有過猶不及的弊病。

兔子若瘦得很健康可不用刻意增重，但若因為某些理由不想吃東西會無法儲存足夠的熱量，也可能因此愈變愈瘦。

過度減少飼料可能會害兔子營養不良。過量餵食當然也有問題，所以餵兔子吃適量的飼料是件非常重要的事，請以體重的1.5%為基準，慢慢地增加飼料的量，也要記得餵食充分的牧草。

如果不想讓兔子繼續變胖，就不要餵高卡路里的飼料，也不要餵太多點心。

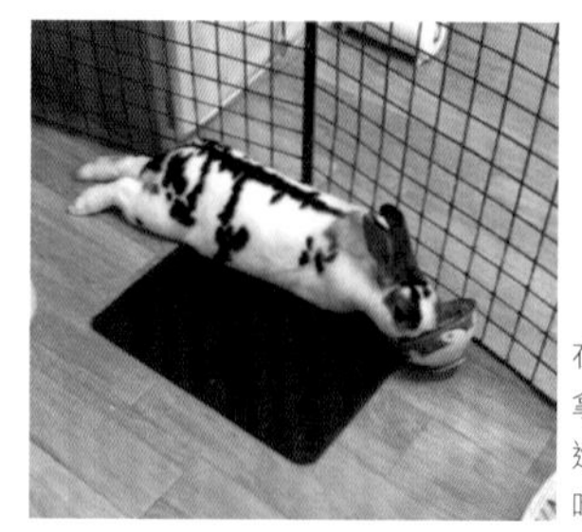
在兔子心情放鬆時拿裝著食物的盤子進去，似乎就願意吃耶。

兔子的BCS

BCS是體態評分系統（Body Condition Score）的意思，是一種判斷寵物太胖或太瘦的指標，最初是為了家畜以及貓狗設立的，請大家將這個指標當成判斷兔子體格的參考使用。

● 太胖

全身被豐厚的脂肪覆蓋，看起來圓滾滾的，而且摸不到肋骨與腰骨，腰部也沒有曲線。從上往下俯視，會發現肚子旁邊突出來；從側邊看，可看到腹部往下垂的肥肉。脖子與手臂的根部都有豐富的皮下脂肪，臉頰與下顎也豐滿。

● 標準

全身覆蓋著薄薄的脂肪，體型比例均衡。仔細摸可摸到肋骨，腰部也有適當的曲線，成年的母兔則會因為皮膚有點鬆馳，而出現肥肥的臉頰與下顎。

● 太瘦

沒有脂肪，也沒有肌肉，全身看起來骨瘦嶙峋。從上方往下看，會看到明顯的腰部曲線，看起來就像是沙漏一樣，從側邊看，則可看到明顯凹陷的腹部。

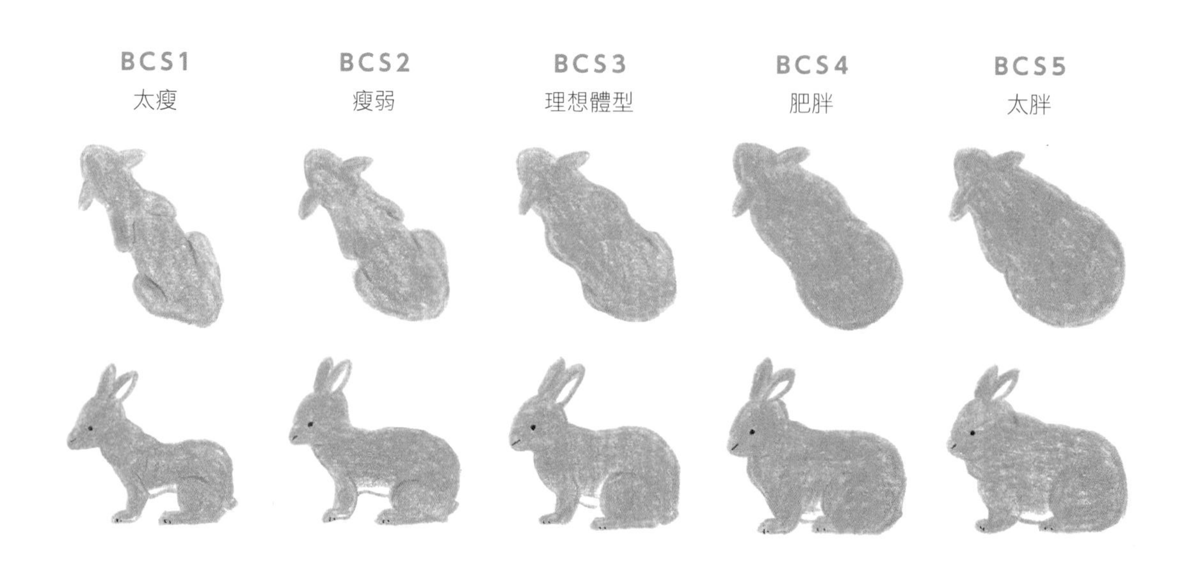

挑食的兔子該怎麼餵？

野生的兔子會吃很多種植物，所以本來就沒有「只吃某種植物的習性」。不過，兔子對食物很謹慎，若不在兔子小時候就餵各種食材，牠們看到新的食物會不敢吃，只吃熟悉的食物，養成挑食的壞毛病。

雖然從小就餵牠們吃飼料或牧草是個可行的方法，但這些產品也有可以能停產或是調整配方。

只要是能餵的食材，建議大家盡量餵兔子吃。飼料與牧草的種類很多，若有機會拿到試吃包，不妨就餵兔子吃看看，也建議找一些與目前正在餵的飼料類似的產品，例如製造商相同或是主原料相似的都不錯。即使是同一種牧草（例如提摩西一割），兔子也會因為產地（美國、加拿大或北海道）、製造商的差異或是寵物用品專賣店、牧草專賣店的不同而不吃。可以餵食的蔬菜與野草有很多種，很適合多方嘗試。

可以試著在早上或傍晚這類兔子固定進食的時間餵，也可以等到牠們因為運動或玩耍而肚子餓的時候餵。只要兔子健康，可以把那些想餵牠們吃的食物放上半天，兔子有可能會因為沒東西可吃而吃看看。有些兔子會耍脾氣不吃，而太久不進食會造成健康問題，所以也不要硬逼牠們吃。

在目前餵食的飼料裡面慢慢摻入其他飼料，雖然是更換成其他飼料的好方法，但有些兔子真的很挑食，只要一換飼料就不吃，此時只能觀察兔子的個性，從中找出適當的方法，才能順利地更換飼料種類。

食慾旺盛的兔子該怎麼餵？

有些兔子一看到飼料就低頭猛吃，瞬間就吃得盤底朝天。食慾旺盛固然是好事，但吃得太猛，沒嚼爛就吞下去的話，有可能會噎到。

減少飼料的餵食量，等到兔子餓到很想吃飼料的時候再餵，往往就會發生上述的情況。

分次逐量餵食可避免上述的情況發生。將較短的牧草與飼料混在一起餵，兔子就得多花一點時間才能挑出飼料，牠們也就不會吃得太快。餵飼料之前，先餵牧草或蔬菜，讓牠們墊墊肚子再餵飼料，一樣能避免兔子狼吞虎嚥。

可試著餵一些試吃包。

在餵飼料之前，先餵牧草或蔬菜墊墊肚子。

面對吃得太快的兔子，可分次少量餵食飼料。

3. 預防疾病與各種症狀的餵食方式

透過飲食照顧兔子的健康

兔子有許多常見的疾病，例如咬合不正的牙齒相關疾病或是消化道蠕動緩慢這類吃了不適當的食物而發生的疾病，這意味著餵牠們吃適當的食物，就能預防大部分的疾病，可見日常的飲食對兔子的健康有多麼重要。

適當的飲食無法預防所有疾病，所以就算餵最適當的食物，兔子還是有可能會生病。

因此，如果出現一些症狀，請帶到動物醫院接受治療，而在接受治療以及居家照料的期間，都要注意兔子的飲食內容，透過飲食讓牠們早日康復，也預防疾病復發。

透過進食就能預防喲。

咬合不正與兔子的飲食內容

◆讓兔子遠離咬合不正毛病的飲食內容

要讓兔子的牙齒保持健康，餵食大量的牧草是關鍵。兔子會使用上下的切齒咬斷牧草，所以切齒可以維持正常的長度，等到要磨爛牧草時，會用到上下的臼齒。禾本科的牧草含有高研磨度的物質，所以在磨爛牧草時，臼齒的表面會跟著均勻地磨損。

從營養層面來看，飼料雖然是不可或缺的食物，卻因為很容易就能咬碎，所以無法均勻地造成臼齒表面的磨損，因此要是餵太多飼料，臼齒的磨損就不夠平均，也會出現咬合不正的問題。如果家裡的兔子不愛吃牧草，記得選擇粗纖維含量較高的飼料，增加兔子以臼齒磨爛食物的機會。

切齒咬合不正的原因之一在於兔子一直咬籠子的鐵網。如果總是從籠子的鐵網餵點心，會讓兔子以為「咬鐵網就能吃到點心」，所以要在籠子裡餵點心的時候，請務必打開籠子餵。

此外，咬合不正也有可能是遺傳疾病。

COLUMN

不可不知的兔子牙齒基本知識

- □兔子總共有28顆牙齒
- □每顆牙齒都會不斷長長
- □進食之際的咬耗與磨耗可讓牙齒保有適當的長度

◆對付咬合不正的飲食內容

在調整長度的治療之後

在接受牙齒長度過長的削短治療後，兔子可能會因為覺得嘴巴裡面怪怪的，進而不想吃東西或不吃原本的食物，有時候則是會因為磨得如尖刺般的臼齒刺傷舌頭或臉頰，而必須接受治療，但是治療之後，受傷的部位還是會痛，或許會因此不吃食物。

這時候可以餵兔子吃一些柔軟的牧草或葉菜類蔬菜，也可以先將飼料泡軟再餵，等到牠們心情恢復平靜，再改回原本的食物。餵兔子愛吃的食物固然可幫助牠們恢復食慾，但還是別一口氣餵太多。

切齒無法使用的情況

當切齒脫落或折斷，兔子就無法咬斷食物。此時可先將牧草或蔬菜切成不需咬斷的長度再餵，也可將飼料壓碎再餵，這樣兔子就能用靈活的嘴唇或舌頭將食物運到口腔深處，再用臼齒磨爛食物。

臼齒無法使用的情況

無法利用臼齒磨爛食物時，可餵泡軟的飼料或是草食動物專用的流質食物。將食物揉成球狀後，有些兔子能夠自行進食，有的則可利用湯匙餵食。如果都餵細纖維含量較高的食物，會導致消化道的蠕動變慢，所以最好是餵含有粗纖維的飼料，但在餵之前必須先泡軟。

觀察體重與大便的形狀

就算能順利咀嚼食物，只要牙齒出了問題，進食量還是會下降，所以要時時觀察兔子的體重變化、糞便的大小、份量，盡量不要讓牠們的體力因為進食不足而下降。

如果透過上述的觀察發現進食量下降或是變瘦，應該立刻與熟悉的獸醫諮詢，也有可能需要強行灌食。

牙齒有問題的時候，進食量會下降。
記得確認兔子的糞便形狀、分量、體重與體格。

若牙齒出了問題，有時候要先泡軟飼料再餵。

要讓兔子的牙齒保持健康，就要讓牠們多吃牧草。

消化道阻塞與兔子的飲食內容

◆讓兔子遠離消化道阻塞毛病的飲食

在兔子眾多腸胃疾病之中，消化道阻塞算是常見的一種，一旦消化道的蠕動變慢，就會出現脹氣、糞便變小、食慾不振的症狀。要預防這個疾病，絕對要讓兔子多吃禾本科的牧草。

此外，澱粉或麩質含量過高的食物也會造成消化道負擔，目前市面上也有不含這類物質的飼料，不過這點倒是不用太擔心，因為本來就不會餵成兔吃太多飼料。

充足的飲水以及適度的運動也能預防消化道阻塞的毛病。

此外，因為承受巨大壓力（來自環境或疼痛）或是疾病（咬合不正、尿石症）而導致食慾不振或有異物堵住消化道的時候，都會讓消化道的蠕動速度變慢，進而出現消化道阻塞的毛病。

COLUMN

不可不知的兔子腸胃基本知識

- □兔子是草食性動物，所以消化道特別長。
- □兔子的腸胃隨時都在蠕動。
- □胃部呈很深的口袋狀，賁門（胃部入口）非常發達（一般認為這是兔子無法嘔吐的原因）。
- □食物從小腸進入大腸之後，較細的纖維質會進入盲腸，較粗的纖維質會進入大腸，形成糞便再排出。
- □盲腸的細菌可幫助分解纖維，再讓纖維發酵。
- □於盲腸形成的盲腸便含有豐富的營養，兔子會直接從肛門吃掉盲腸便。

讓兔子在發育期吃習慣牧草，可讓牠們一輩子健康。

◆罹患消化道阻塞之後的飲食內容

每種情況的應對方式都不同，所以要先接受診治

灌食與按摩雖然可幫助消化道蠕動，但有時候反而弄巧成拙。假設兔子已經出現消化道阻塞的徵狀（例如食慾不振、糞便變小或便祕），就應該先帶到動物醫院治療，聽從醫師的指示照顧。

讓兔子進食，促進消化道蠕動

假設醫師建議讓兔子進食，促進消化道蠕動，最好的方法就是讓兔子多吃牧草。假設兔子不想吃牧草或飼料，不妨試著餵牠最愛吃的食物，蔬菜、野草這類接近野生食性的食物也是不錯的選擇，紫蘇、旱芹、香菜這類香氣強烈的蔬菜能刺激兔子的嗅覺，將葉子撕成小塊再餵，效果會更加顯著。當然也要讓兔子攝取足夠的水分。假設是愛吃蔬菜的兔子，可多餵一點水分較多的蔬菜類蔬菜，假設愛吃的是水果或穀類，則需要控制餵食量。（如果是天氣寒冷的季節，可將兔子移到較溫暖的環境。如果看起來還算活潑，則可以讓牠們運動一下或是幫牠們輕輕按摩腹部，有時候能幫助牠們恢復食慾）

如果還是不願進食，則可考慮灌食（參考134頁）。

糞便的狀態與兔子的飲食內容

糞便可說是兔子的健康指標。觀察每天的糞便形狀，是確認兔子是否健康的例行公事。

形狀若呈圓球狀，代表兔子很健康。每隻兔子的糞便大小不定，但一般都介於0.7～0.8公分到1公分之間。兔子若常吃提摩西這類禾本科牧草，糞便會比較大顆，顏色則呈褐色。

正常的糞便。

只要知道健康時候的糞便形狀，就能在形狀不對勁的時候進一步觀察兔子的情況，也能在必要的時候帶去動物醫院治療。

◆需要多注意的糞便狀態與飲食內容

糞便突然變小與變少

有時候，進食量會因某些原因減少，尤其當牧草的進食量減少，糞便就會變小與變少，此時請餵兔子吃足夠的牧草。當然，兔子也有可能是因為某些理由（例如牙口不好、身體有病痛）而不吃牧草，也有可能是牧草因為保存方式不佳而變得難吃，或是牧草放在不方便進食的位置，這些都可能是造成牧草攝取不足的原因。

如果不小心吞進異物，導致消化道塞住，糞便的量就會愈來愈少，最終甚至排不出來。假設調整了飲食內容，狀況還是無法改善或繼續惡化，請帶去動物醫院治療。

糞便的大小不一，形狀很扭曲

兔子的糞便會因為腸道的蠕動作用變成大小均等的乾燥圓球狀再排出。雖然每隻兔子的糞便大小不一，但是當形狀變成橢圓形或水滴狀，代表消化道出現問題，有可能是因為進食量降低所引起。可依照前述的方法，讓牠們多吃牧草。

因為兔毛而連成一串的糞便

有時候糞便會因為兔毛而連成一串。兔子在順毛時，通常會把自己的毛吃進肚子裡，而這些兔毛會於消化道囤積，也會隨著圓球狀的糞便排出（壓碎糞便就會發現裡面除了粗纖維質之外還有兔毛）。讓兔子多吃牧草，也定期幫牠們刷毛，就能減少吃進肚子的兔毛量。

排出柔軟的糞便（軟便）

健康的兔子所排的糞便通常較乾也較硬，兔子自己踏到也踩不碎。但是當糞便的含水量較高，輕輕一壓就會碎掉，兔子的腳底與肛門附近也都會沾上糞便。糞便裡的水分理應由大腸吸收，但是當消化道出問題，糞便的含水量就會上升，進而形成軟便。吸收過多的澱粉或麩質也是形成軟便的原因之一，此時請務必讓兔子多吃粗纖維含量較高的牧草，促進消化道蠕動，有時也能改餵零麩質的飼料。

突然餵兔子很多沒吃過的食物，或是水分較多的陌生蔬菜，也有可能造成軟便。

順帶一提，軟便與盲腸便是不一樣的糞便。

排出無法成形的糞便（水便）

如果排出沒有形狀的糞便，絕對是有問題，而且很緊急，尤其幼兔很可能因為下痢而死亡，所以請儘快帶去動物醫院就診。下痢常是由病菌引起。腸道之所以會成為病菌孳生的溫床，往往是因為纖維攝取不足或是攝取過量的澱粉與麩質。承受巨大的壓力也會造成下痢。若想透過飲食改善，就只能為兔子設計理想的飲食內容。

盲腸便吃不完

盲腸便的含水量較高，形狀看起來像是小串的葡萄，味道則有些特別。兔子的硬便（圓球狀的糞便）通常沒什麼味道，只有軟便、拉肚子或是盲腸便沒吃完才會臭臭的。盲腸便的味道與軟便和水便是不一樣的。

兔子通常會直接吃掉從肛門排出的盲腸便，所以我們很偶爾才會看到盲腸便掉在地上。由於盲腸便非常柔軟，記得在兔子踩到之前就先清理（如果是剛排出的盲腸便，兔子有可能還會吃）。

如果常常看到盲腸便，有可能是因為飲食生活不正常、高齡、身體疼痛所造成，也有可能是因為太胖，沒辦法彎下腰，讓嘴巴貼在肛門。纖維攝取不足或是過度攝取營養價較高的澱粉或麩質，也有可能出現盲腸便吃不完的現象。

盲腸便是含有兔子所需營養的食物，讓我們一起為兔子打造能吃完盲腸便的飲食生活吧。

要注意盲腸便是否沒吃完。

COLUMN
海棠兔的消化道阻塞毛病

海棠兔常有消化道阻塞的毛病，但原因為何，至今仍不得而知，只知道問題可能出在蠕動不足。即使飲食正常，海棠兔的大便還是有時大有時小。糞便小的話當然能順利排泄，大的話，只要夠軟也能排泄，但是海棠兔的大便卻常常又硬又大，腸道也因此常常阻塞。如果發現海棠兔出現消化道阻塞的毛病，請先想到有可能是因為糞便堵住。

兔子不進食的時候，該如何餵食

兔子會因為種種理由而不願進食。

◆想吃吃不了

因為咬合不正或其他原因導致嘴巴裡面很痛，想吃卻吃不了的時候，要餵一些比較柔軟的食物（參考128頁）。若需要從旁協助進食，則需依照身體狀況進行各種措施（參考122頁）。就算是準備食物就願意吃的情況，也還是有可能會發生進食量不足的問題，此時就需要灌食（參考134頁）。

COLUMN【兔子的飲食生活問卷】
我家兔子沒有食慾時，只願意吃這個！

只要有這種不論什麼時候都願意吃的食物，就能維持兔子的健康。在此為大家介紹以飼主為對象的問卷調查結果，讓大家知道這些飼主都有什麼用來餵食的祕密武器！請大家務必參考看看！

第1名　香蕉

我家的冷氣有一次在夏天壞掉，所以想辦法讓兔子避暑了三到四天，但是牠吃飼料與牧草的量也降低了一半左右。還好牠還肯吃蔬菜，最愛的香蕉也還願意吃2～3公分。（上坂chigusa & Luna）

牠每次都吃得津津有味，常常吃得太快，吃到都掉出來，所以我後來都用湯匙一點一點餵，每次的量都是5公釐厚的兩片。（莉茲媽媽 & 莉茲）

進行結紮手術後，牠就不太愛吃飼料，因此我就以有可能牠會願意吃其他食物以及慰勞牠手術很辛苦的心情餵牠吃香蕉。（佳凜媽媽 & 佳凜）

第2名　葉菜類蔬菜

不想吃東西或是消化道阻塞時，只要餵牠吃白菜、高麗菜、蘿蔔葉，牠就會恢復精神。（JUN & 小手毬）

牠偶爾會因為施工或是家裡有訪客的關係吃比較少，這時候我都會餵牠吃香氣洋溢的紫蘇、香葉芹或是口感柔軟的紅葉萵苣。（可可媽媽 & 可可亞）

還可以從問卷調查結果了解兔子身體不適的指標！

明明香蕉是在野生環境吃不到的食物，沒想到這麼受兔子歡迎。身為飼主一定要先掌握這種「無論如何都會吃的食物」，所以如果連這個都不吃，就是一定要帶去醫院的警訊了！

◆不想吃東西

①與疾病無關的情況

有時候兔子就是會不想吃東西，例如環境有些變化、氣壓有點低，有些兔子會因為這些原因受到影響，不過太久不進食有可能會出現消化道阻塞的問題，所以還是要想辦法促進兔子的食慾。如果平常就有餵蔬菜，可以餵一些香氣強烈的蔬菜，也可以試著把飼料泡軟再餵或是餵一些新鮮的牧草。如果能預先知道「在什麼情況要餵什麼」，就能徹底照顧兔子的健康。

也可以透過運動讓兔子恢復食慾。此外，可在餵食時間的早晨、傍晚或晚上餵食。請確認飲水量是否充足。

再者，發情或換毛的時期也可能會食慾不振。

以為「牠耍脾氣不吃」，結果是因為生病才不進食的情況也是有的，所以這時候不妨先帶去動物醫院診斷，才能確定問題。

②因為生病而食慾不振的情況

前述的咬合不正、消化道阻塞、其他病痛或是壓力都有可能造成食慾不振。手術或其他治療（例如需要麻醉的治療），都常常會導致兔子食慾不振。此時可參考「咬合不正與兔子的飲食內容」（128頁）或「消化道阻塞與兔子的飲食內容」（130頁），多花一點心思餵食。

第3名　苜蓿葉、紫蘇、乳酸菌

苜蓿葉
苜蓿可以只餵葉子不餵牧草。如果是消化道阻塞的毛病才剛解決的時候，我都會一點一點慢慢餵給兔子吃，牠這時候總是要吃不吃，或是只吃想吃的食物。等到開始吃之後，大概再等個半天才願意吃飼料，我也都是用手親餵，不是放在餐具餵。（momo & 熊太郎）

紫蘇
牠沒有食慾的時候，我都是餵紫蘇。牠好像很喜歡香氣強烈的食物，每次吃紫蘇都吃得很猛。（hana & 艾瑪）

乳酸菌
每次替牠打掃籠子的時候，我都會用手餵牠吃牠最愛的乳酸菌。手術住院時，牠曾一整天不吃東西。當躲在加護病房角落瑟瑟發抖的卡洛莉願意吃我帶來的乳酸菌時，醫院的工作人員跟我都好感動。（佐久間一嘉 & 卡洛莉）。

第4名　蘋果、蘋果乾、葛葉、新鮮牧草、胡蘿蔔、木瓜

也願意吃第5名之後的這些食物！

◎active E、◎anima strath、◎草莓、◎新鮮水果、◎芹菜、◎旱芹、◎平葉香芹、◎義大利黑麥草、◎青木瓜葉、◎車前草、◎乾燥的蒲公英葉、◎野草、◎美味的果凍、◎燕麥片、◎惠牌飼料、◎牧草丸子

※也有飼主回答：我家兔子沒有食慾不振的時候。

◆灌食的方法

兔子若是一直不進食會出現很多問題，例如消化道蠕動變慢、肝病變（脂肪肝※）都是問題之一。雖然有消化道阻塞的問題時不太適合灌食，但前提還是得與獸醫討論，再視情況決定。如果把流質食物放到嘴邊就能自行進食的話，那問題還不算嚴重，如果連這樣都沒辦法進食的話，就可能得以針筒灌食。

灌食的次數以一天2至3次為基準，可在早上以及傍晚這兩個原本進食的時間替兔子灌食，但如果原本就會在固定的時間餵食，選在那個時段也沒有問題。灌食量則以健康時進食量的一半至三分之一為目標。

要準備的東西有針筒與流質食物。針筒可以從動物醫院購買，或是直接購買市面上的產品（灌食空針、餵食器、注射器）。

動物醫院有銷售草食動物專用的流質食物，也有一般的市售品，當然也可以直接使用泡軟的飼料。若想讓泡軟的飼料變得更容易入口，還能拌入磨成泥的蔬菜。拌入牧草或飼料包裝底部的粉末或是以磨粉機磨成粉的乾燥野草，也是不錯的選擇。

記得另外準備紙巾或溼紙巾，幫兔子把嘴巴周圍與下巴擦乾淨。

從嘴巴旁邊（切齒與臼齒之間的位置）插入針筒前端，再灌進一點點流質食物，等到兔子咀嚼與吞嚥後，再灌一點流質食物。

這時候要以熟悉的方式抱兔子。如果兔子一直掙扎，可先用浴巾包住牠的身體，讓兔子只露出臉再灌食。飼主可先在動物醫院接受指導，以安全地進行灌食。

建議常態地在籠子裡準備一樣的食物，讓兔子隨時都能回到能自行進食的狀態。

※脂肪肝是指肝臟囤積過多中性脂肪，導致肝功能下降的疾病。除了攝取過多脂質會造成這個疾病之外，食慾長期不振，熱量攝取不足時，脂質會轉換成熱量，體內的脂質因此往肝臟大量集中，也會造成這個疾病。

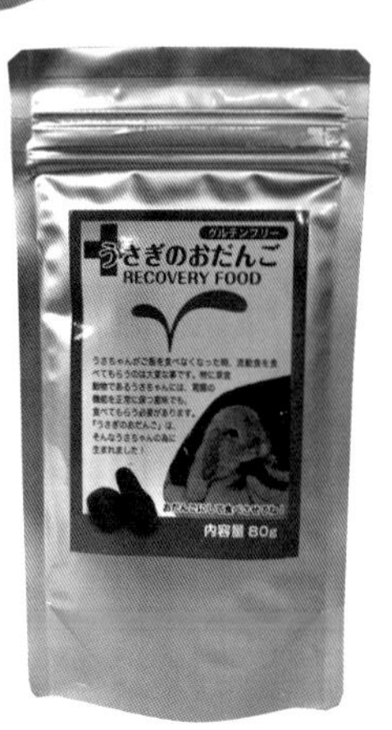

用來製作丸狀食物與流質食物的粉末食物。

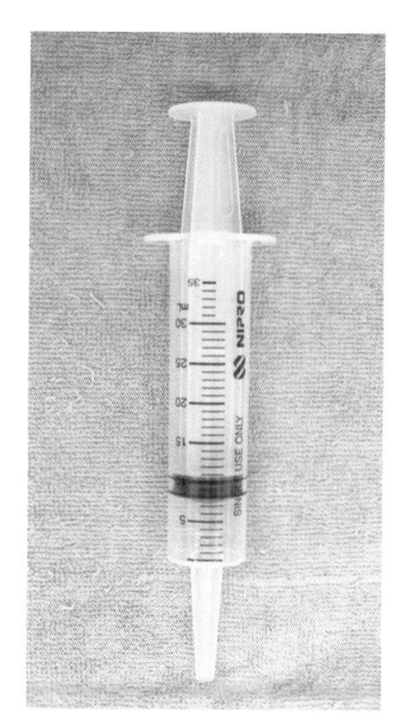

適合用來灌食的30毫升針筒。

營養不良與兔子的飲食內容

◆讓兔子遠離營養失調造成的疾病

如果平常就是餵兔子吃牧草、飼料以及適量的蔬菜，照理說不會出現營養不良的問題，但如果餵太多蛋白質、醣質、脂質，兔子就有可能因此變胖（124頁）。就實際的情況來看，某種營養素攝取不均衡也會造成某些疾病，而特別需要注意的就是因為過度攝取鈣質所造成尿石症。

◆尿石症與兔子的飲食內容

尿石症是尿液所含的礦物質凝結成塊（結石），阻塞尿路（膀胱或尿道）的疾病，其他還有被稱為尿泥的砂狀礦物質於膀胱囤積的症狀。

結石形成的原因至今仍不明。

兔子的鈣質代謝過程很特殊，因為就一般的哺乳類而言，過度攝取的鈣質會隨著糞便排出，但兔子卻是隨著尿液排出，所以兔子的尿液才會因為高濃度的鈣而變成白濁色。

不過這不代表兔子就很容易罹患尿石症，即使飼養方式相同，有的兔子會罹患尿石症，有的兔子則不會。

飼料與牧草都含有兔子所需的鈣質，所以只要正常餵食，就不用擔心鈣質攝取的問題。要注意的是，有些蔬菜（例如香芹或是蘿蔔葉）的鈣質含量較高，只要避免大量餵食這類蔬菜，並讓兔子攝取足量的水與增加尿量，就不會有問題。

不過，若總是過度攝取鈣質，尿液總是呈白濁色，罹患尿石症的風險還是會增加，所以將飼料換成低鈣的種類，或是停止餵食高鈣的蔬菜，減少鈣質的攝取會是比較妥當的方式。假設膀胱在X光檢查下呈白色（鈣質也是骨頭成分之一，所以X光無法穿透），獸醫應該也會建議降低鈣質的攝取量。

此外，鈣質是發育期不可或缺的營養素。由於兔子是牙齒會不斷生長的動物，所以絕對不能有鈣質攝取不足的問題。

COLUMN

要特別注意維生素與礦物質的營養補充食品

只要餵食牧草與飼料，兔子應該就能充分攝取需要的營養。若是另外餵食維生素或礦物質的補充劑，有時候反而會適得其反，造成過度攝取的問題。

舉例來說，維生素A有助於視覺、骨頭的成長，也能維護皮膚與黏膜的健康，但在發育期過度攝取，反而會造成骨質脆弱的問題，成兔也可能因此難以懷孕或流產。

雖然常餵給兔子吃的黃綠色蔬菜富含維生素A前導物質的β胡蘿蔔素，但是當β胡蘿蔔素進入體內後，只有必需的量會轉換成維生素A，所以就算大量攝取含有β胡蘿蔔素的食物，也不太會出現維生素A過度攝取的問題。

維生素D若是過度攝取則會出現問題，例如骨蝕（老化的骨骼被蝕骨細胞侵蝕）、肝臟與腎臟的鈣化。尤其當鈣質過度攝取，都很容易發生這類問題。

除非得到獸醫師的建議，否則最好不要擅自餵食維生素或礦物質的補充劑。

透過飲食打造健康的身體！

4. 各種情況下的餵食方式

獨留兔子在家時的餵食方式

飼主因為工作或出遊（例如早上到當天晚上這段時間），必須獨留兔子在家時，如果兔子平常很健康，大概不會出什麼問題，只要早上先餵食物與水，等到回家之後檢查一下兔子有沒有吃完，再餵晚餐即可。

如果要讓兔子自己待在家超過一晚，就記得要多餵一些牧草以及稍微多一點的飼料。假設平常都是餵蔬菜，則最好餵兔子能立刻吃完的量，不要讓兔子吃不完，之後不得不吃放太久的食物。飲水要準備充足的量，也要依照季節調整室內的溫度。

假設要讓兔子獨自待在家超過兩晚，最好請人來家裡照顧或託給值得信賴的店家照顧。如果是請人來家裡幫忙（朋友或是寵物保母），則應該先購足平常餵給兔子吃的牧草與飼料，以免要餵的時候沒得餵。兔子對於飼主以外的陌生人會感到不安，所以在出門前，可以請來幫忙的人先餵一些兔子愛吃的食物或點心，消除兔子的不安。

如果是托給動物旅館照顧，則必須遵守旅館的規則，例如自己準備飼料、兔子愛吃的食物，如果旅館沒有平常餵的牧草，則需自行準備。

飼主回到家之後，要記得觀察兔子的食慾與糞便的狀況，看看兔子是否已恢復正常生活。

帶兔子出門時的餵食方式

帶兔子出門時，請把牠們放在寵物籃裡。平常就在寵物籃裡餵點心的話，可讓牠們喜歡寵物籃。

出門時，基本上都要在寵物籃裡放牧草。

如果得讓兔子長時間待在寵物籃裡，記得替牠補充水分。有些寵物籃會有飲水器，但移動時，水有可能會漏出來。如果是平常習慣吃蔬菜的兔子，則可利用葉菜類蔬菜補充水分。要是地點還算安全（兔子無法跑遠的地方，或是行駛中的車上），可以偶爾打開寵物籃，用飲水器餵水，否則最好不要隨便打開。如果是部分構造為鐵網的寵物籃，則可從外面以飲水器餵水。

記得帶著兔子最愛吃的食物，才能視情況餵食。假設兔子不吃牠最愛的食物，有可能是因為長時間移動而覺得疲倦。

此外，也要記得控制環境的溫度。

去動物醫院的時候，如果兔子原本就很健康，就照平常去健康檢查的方式帶去；如果兔子的狀況不佳，則要讓兔子在寵物籃裡多休息，例如帶一些牧草、牠愛吃的食物以及飲水，也可以

每天回家後，
記得確認兔子的餐具
有沒有剩下食物。

別讓兔子討厭待在
寵物籃裡。

在寵物籃裡放一些有兔子味道的東西（例如睡覺用的床或是坐墊），讓兔子在籃子裡安心休息。

視力衰退的兔子該怎麼餵？

因為年紀增長而罹患白內障的兔子常有視力衰退或失明的問題，不過兔子主要是透過嗅覺與聽覺生活，所以沒了視力，生活還是比人類想像的容易，而且兔子通常記得餐具與飲水器在哪裡，所以只要這些東西沒換位置，兔子大概都找得到。如果這些東西的所在位置不方便兔子進食或喝水，就要趁兔子的視力還算正常時，趕快固定位置。牧草、飼料與蔬菜這類食物不一定得放在餐具裡，也可以直接放在地上。如果兔子不知道飲水器的位置而喝不到水的話，可在一天之內設定幾個時間點，在這些時間點將飲水器的出水口湊到兔子的嘴邊餵牠喝水。

只吃蔬菜的兔子該怎麼餵？

有些兔子很挑食，無論如何就是不吃牧草與飼料。請先試著透過各種方式餵餵看（請參考127頁「挑食的兔子該怎麼餵？」）。有些飼主原本就打算只餵蔬菜，但如果您在讀了本書，了解牧草與飼料對兔子有多麼重要後，還是想要「只餵蔬菜」，請務必注意下列事項。

蔬菜含有維生素、礦物質，也含有抗氧化成分，絕對是非常優質的食材，而且味道、口感的多樣化，都能讓兔子感到開心，能自行挑選蔬菜這點，也比較放心餵給兔子吃。就某種意義而言，蔬菜比飼料或牧草更接近野生兔子吃的植物。

不過，只靠蔬菜維持兔子的體格與健康是很不容易的事，因為蔬菜是為了人類進行品種改良的農作物，纖維太軟，不像牧草具有研磨性。

此外，蔬菜的卡路里較低，要滿足兔子的營養需求，就必須大量餵食。若單以數值來看，假設兔子一天所需的熱量為129kcal，那麼以每100公克含有235kcal的飼料來看，一天大約要55公克。常餵兔子吃的小松菜每100公克只有14kcal，要餵到兔子能攝取到129kcal，必須餵920公克。一把小松菜的重量約為200～300公克的話，代表要餵兔子吃下3～5把的小松菜，才能攝取到足夠的熱量。只餵這麼大量的小松菜當然不是正確的餵食方法，但提出這個例子，只是想讓大家知道「若打算只餵蔬菜，又要滿足熱量的攝取量，就必須餵食大量的蔬菜」這點。

此外，上述的小松菜屬於鈣質含量較高的蔬菜，若要讓兔子攝取到均衡的營養，恐怕得準備各種蔬菜。蔬菜還會因為天候的影響而漲價。蔬菜的含水量較高，所以兔子的尿量也會跟著增加（若是吃不慣蔬菜的兔子，有可能會因為出現軟便的問題）。

若只打算餵蔬菜，請仔細觀察兔子的體重與體格，盡可能讓牠們維持一定的體型，也要檢查排泄物，以及定期帶去動物醫院接受健康檢查。

每種蔬菜的營養都不一樣，必須事先了解再決定餵哪些蔬菜。

我最喜歡蔬菜了。

不愛喝水的兔子該怎麼餵？

兔子需要攝取足夠的水，否則消化道的功能會衰退，腎臟會承受多餘的負擔，也會出現脫水症狀，造成健康嚴重受損，更會因此食慾不振。

如果發現兔子不太喝水，第一步先檢查飲水器的功能是否正常，位置是否方便兔子喝水，以及出水是否順暢，也要觀察兔子是否因為病痛而做不出從飲水器喝水的動作。

有時候也可試著用盤子餵水，只是要記得常常換水，以免兔子的排泄物、兔毛與食物的殘渣汙染飲水。

假設兔子因為高齡或生病而需要飼主從旁輔助喝水，一天之內，可分成幾次將飲水器湊到兔子嘴邊餵水，或是直接以針筒餵水。

如果平常就餵很多蔬菜，可能不太需要擔心水分攝取不足的問題，但還是得盡可能餵兔子喝乾淨的水。

市售的運動飲料（兔子專用）很適合在緊急時刻使用，也因為口味甜甜的，兔子會願意喝多一點，但平常請餵一般的水就好。

利用適當的方式餵兔子喝足夠的水。

保護兔子的餵食方式

有時候會照顧一些被遺棄的兔子，而我們通常不知道牠們原本習慣的食物有哪些，所以請先帶去動物醫院檢查健康，了解牙齒的狀態，才能推測牠們之前的飲食生活是否正常。我們也無法知道這類兔子的年紀，所以需先帶去給獸醫檢查健康，再由獸醫判斷兔子目前幾歲（是很年輕、正值壯年還是年屆高齡？）

試著多餵幾種牧草與飼料，從中找出兔子愛吃的食物。就算兔子沒有立刻吃，只要願意聞聞味道或是好像感興趣，就能試著餵餵看這種食物。也有的兔子在受到照顧之前，曾在食物不足的環境中流浪，所以什麼都願意吃。

若是從領養兔子的機構領養兔子回家，請餵牠們吃在機構裡吃的食物，等到牠們習慣新環境之後，再調整餵食的內容。

結紮手術之後的餵食方式

有許多飼主會帶兔子去結紮。這麼做除了可以避免意外懷孕，也能避免雌兔受子宮相關疾病所苦，雄兔則可避免到處亂尿尿，劃地盤的問題。

手術後，兔子常因住院或手術這類前所未有的體驗而食慾不振，此時必須餵一些牠們愛吃的食物或是灌食，幫助牠們恢復食慾。

此外，常有意見指出「結紮後容易變胖」，這通常是因為體內的荷爾蒙產生變化，導致代謝的速度改變，或是熱量的需求量降低，卻還是餵原本的食物所造成的。

不是所有結紮的兔子都會變胖，請務必觀察體重的變化，看看是不是餵太多會害牠們變胖的食物。如果餵太多飼料，可試著減少份量，如果飼料原本就沒有餵很多，則可換成低卡路里的種類（更換飼料要緩慢進行）。此外，可以讓牠們多在室內玩耍，增加運動量。

同時，若要在手術之後調整餵食內容，請等到牠們食慾恢復再慢慢調整。

發育期的尾聲，是最適合進行結紮手術的時候，請不要在正值發育期時減少兔子的餵食量。

換毛期的兔子該怎麼餵？

兔子一年會換毛兩次，通常是在春季脫去冬毛，在秋季將夏毛換成冬毛，這兩段期間會大量的掉毛，所以就算養的是短毛種的兔子，也必須在這時候常常幫牠們刷毛，而且在上述的時期之外也會長出新毛。

兔子平常就很常替自己順毛，所以才會吃進自己的毛，不過這不會對兔子的消化道造成影響，只要消化道健康，這些兔毛就會自然排出；消化道狀況不佳時（消化道阻塞），兔毛才會於消化道囤積。這種因為兔毛導致消化道狀況不佳的疾病又稱為「毛球症」。

進入換毛期的時候，消化道裡的兔毛一定會大幅增加，此時必須攝取大量的牧草，才能讓這些兔毛排出，而且要讓消化道的內容物順利排出，還需要攝取足夠的水分。

一般認為，換毛期的兔子很容易體力不足。兔毛的原料是蛋白質，而盲腸便能夠補充蛋白質，要製造優質的盲腸便，就必須讓兔子攝取足夠的牧草。如果家裡兔子有點瘦弱，可換成高蛋白的飼料或是在飼料裡添加一些苜蓿。

餵藥的方法

兔子生病時，飼主必須餵牠們吃藥，此時必須依照處方箋的次數餵，劑量也必須正確，而且要盡量以兔子不會覺得有壓力的方式餵。

若是帶有甜味的藥水，通常兔子會願意直接喝。

如果是藥粉，可先用少量的水調開，再以針筒餵藥，但兔子常常會因為苦苦的而拒吃，此時建議與兔子愛吃的食物一起餵。把藥物與兔子常吃的食物拌在一起最理想的，所以可將藥物與少量的草食動物專用流質食物或是無添加蔬菜汁拌在一起餵食，也可以包在香味較明顯的蔬菜裡，例如紫蘇就是很不錯的選擇。退而求其次的方法還有與無添加的優格、香蕉泥、蘋果泥、果醬（低糖或無砂糖的種類）、無添加的蔬菜或水果嬰兒食物一起餵，但是這些搭配的食物都必須是極少量。如果兔子連舐都不舐一下，可能就得利用針筒餵藥。

要是怎麼做都無法讓兔子吃藥，請與獸醫師商量對策。

再者，有些食物與藥物不能搭在一起吃（最具代表性的組合有抗血栓藥物和納豆、鈣離子拮抗劑和葡萄柚汁等）。這類不能一起服用的組合有些也適用於兔子，所以若擔心餵錯食物，可事先與獸醫師洽談。

將藥物拌在無添加的優格裡。

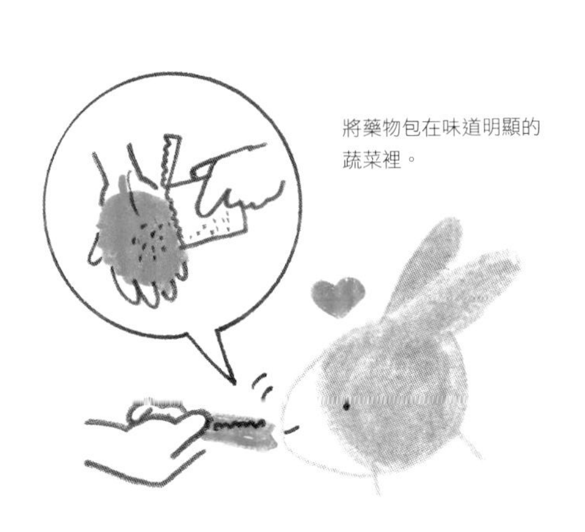
將藥物包在味道明顯的蔬菜裡。

用水調開袋子裡的藥粉，再以針筒吸起來餵。

COLUMN

向兔子用品專賣店請教的愛與「多一點心思」照護餐

兔子會因為各種原因而不願吃平常吃的食物，這讓飼主感到不安。假設情況惡化至兔子再不吃東西不行的地步，飼主雖然還有灌食這個手段可以選擇，不過在此之前，可以「多花一點心思，讓兔子吃下食物」。

這次我們向兔子用品與照護專業門市「心之家」的森本惠美小姐請教了照護餐的製作方式，希望透過照護餐拉近兔子與飼主的心。

【註】假設是消化道阻塞的問題，就不能硬逼兔子進食，否則會很危險。兔子不肯進食的話，建議先帶到動物醫院接受診療。

■ 泡軟餐

【適用時機】

咬不動飼料的時候

【食物內容】

泡軟的飼料

要準備的東西

飼料
水
小碗
秤量用的大茶匙、小茶匙

製作方法

1 將 1 大匙的飼料放入碗中。為了在泡軟之後，還能保有原本的形狀，建議選擇軟的飼料。

2 均勻淋入 1 小匙的水，讓水滲入飼料裡。此時可在水裡加一些蘋果泥或兔子愛吃的營養補充食品。

3 泡軟後就完成了。左側是泡軟之前的飼料，右側是泡軟之後的飼料。

照護餐的形式

如果兔子不想吃飼料，可試著餵泡軟的食物。如果吃不了泡軟的食物，可換成丸子餐或是照護餐。

有時候兔子明明很餓，卻因為難以進食而出現進食量不足的問題，此時必須找出何時該從泡軟的食物換成丸子餐，何時又該從丸子餐換成照護餐，也要觀察兔子進食的方式與份量。

例如兔子明明是想吃東西的，但是很難將泡軟的飼料放入口中的話，就應該換成協助餐。直接換成照護餐也沒問題，但是兔子會主動要吃東西的話，協助餐對兔子與飼主的負擔都比較少。

照護餐比較適合癱瘓、無法自行進食、沒有食慾的兔子吃。

如果是可以吃泡軟餐，但看護餐吃得比較多的兔子，則不妨泡軟餐與看護餐交互餵食。如此一來，可讓兔子恢復至能自行進食的狀態，也能從水分較多的照護餐攝取足夠的水分。

【重點1】

飼料的量請依照之前的餵食量調整，也要調整水量（以1大匙飼料加1小匙水為目標）。

<餵食方法>

- 基本上是用餐具餵食。
- 有空的話，可以用手親餵。將飼料放在掌心，再送到兔子嘴邊，方便兔子吃的位置。如果是因為神經疾病而歪頭的兔子，與其將飼料放在餐具，放在掌心反而更方便餵食。

■ 丸子餐

【適用時機】

沒辦法吃泡軟餐的時候

【食物內容】

將碾成泥的飼料捏成丸子狀

要準備的東西

泡軟餐

剪刀

小塑膠袋（例如拉鏈袋，有點厚度的比較好用）

秤量用的小茶匙

製作方法

1 先製作泡軟餐。

2 接著倒入1小匙的水。

3 利用小茶匙的背面將泡軟餐的飼料壓成泥。記得壓得均勻一點。

4 利用剪刀在塑膠袋的邊角剪下3～5公釐的角，再將剛剛壓成泥的飼料倒入塑膠袋。

5 從剛剛剪開的洞擠出直徑5～8公釐的飼料丸。飼料丸的大小請依照兔子的嘴巴大小調整。

【重點1】

沒有購買軟的飼料也沒問題。購買硬的飼料或是纖維較粗，一加水就散開的飼料雖然不容易做成泡軟餐，卻能用來製作丸子餐或照護餐。

【重點2】

水分會慢慢蒸發，丸子也會因此變硬，所以最好每次只做一次吃得完的份量，然後多餵幾次。

<餵食方法>

- 基本上與泡軟餐一樣，都是放在餐具餵，當然也可用手親餵。

可用兔子愛吃的食物代替蘋果

這裡介紹的照護餐都是使用蘋果製作，但不是非得要蘋果，也可以換成其他兔子愛吃的食物。

■ 協助餐

【適用時機】

有食慾，但無法自行進食的狀態

【食物內容】

以湯匙將壓成泥的飼料製作成協助餐

要準備的東西

丸子餐（在捏成丸子之前的狀態）
牧草（苜蓿葉、大麥嫩葉、提摩西）
磨粉機
碎藥機（視情況）
營養補充食品（視情況）
蘋果（切成細塊）
湯匙（餵食用）

製作方法

1

利用磨粉機將牧草磨成粉（一次磨一週要用的量會比較方便）。如果覺得兔子有點瘦，可選擇將苜蓿磨成粉，要是兔子不愛吃牧草，則可選擇提摩西這類禾本科的牧草。

2

在丸子餐的步驟3（將泡軟的飼料壓成泥的步驟）摻入營養補充食品。如果是藥錠型的營養補充食品，要先攪成粉末。

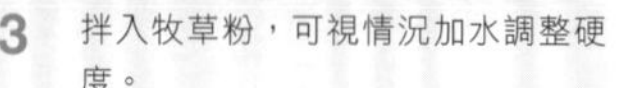

3 拌入牧草粉，可視情況加水調整硬度。

4 將蘋果連皮切成5公釐大小的細塊。

5 將切成細塊的蘋果拌入步驟3的碗中。

【重點1】

要拌入多少蘋果塊可自行決定，但通常是1大匙的飼料拌1小匙的蘋果塊，因為這麼餵的話，每一口都會有蘋果，兔子也比較容易找到蘋果。

【重點2】

營養補充食品不是非餵不可的食物，但有時候能幫需要飼主看護的兔子一臂之力，所以可視情況餵食。

「心之家」的森本小姐會在照護餐中加入SILI-K、ANIMA STRATH、BIONERGY PLUS RABBIT、SANTA PRONT ONE Koso（ONE酵素）這類營養補充食品。

<餵食方法>

- 先利用湯匙尖端將協助餐的飼料堆成小山，方便兔子進食。如果能將蘋果堆在山頂的部分，就能利用香氣提升兔子的食慾。兔子大吃一口後，再堆成方便兔子進食的小山形狀。
- 湯匙可依照是否方便兔子進食的標準選擇大小與形狀，也建議使用照片裡的木湯匙。

【重點1】

基本上，餵食量與必須吃照護餐之前的進食量相同，但處於這種狀態的兔子通常運動量不足，所以若還會吃牧草，協助餐的量就可以少一點，但還是需要視情況調整餵食量。

【重點2】

假設兔子原本就習慣一口氣吃很多，那麼每次的餵食量可以多一點，餵食的次數則可以少一點；如果是吃東西慢條斯理的兔子，每次的餵食量可以少一點，但餵食的次數多一點。如果兔子無法自行喝水，也要記得多餵幾次水。

■ 看護餐

【適用時機】

食慾不振，且無法自行進食的狀態

【食物內容】

以湯匙將壓成泥的飼料製作成看護餐

要準備的東西

協助餐（拌入蘋果塊之前）
蘋果泥
保溫用（隔水加熱用）的容器與熱水
針筒（1cc）數支
剪刀、銼刀

製作方法

1

先執行「協助餐」的1～3步驟，再拌入蘋果泥、2～3小匙的水，讓飼料軟化。

2

天氣冷的時候，可利用隔水加熱的方式加熱看護餐。若有這種雙重構造的容器會比較方便。加熱至人體肌膚的溫度即可。

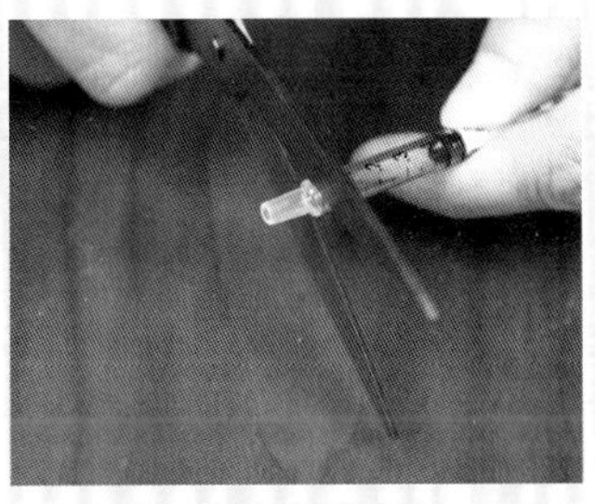

3 以餵食看護餐的情況而言，1cc的針筒會比較好用。用剪刀剪開針筒前端，再用銼刀將剪開的部分磨平，以免刮到兔子的嘴巴。

4 將看護餐填入針筒。這次不是用針筒吸看護餐，而是先填入針筒，再讓針筒輕輕地敲桌子，讓食材緩緩移動到針筒前端。可先將兔子吃得完的量分別填入所有針筒裡。

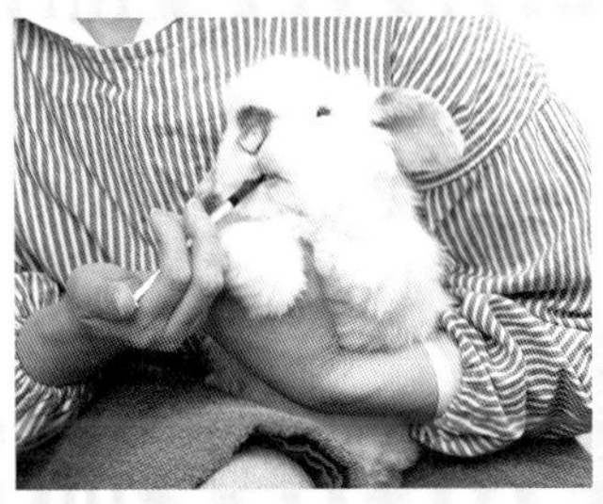

【餵食方法】
輕輕地將針筒前端放入兔子嘴中。一開始先擠一點，等到兔子吞下去之後，再擠一點，配合兔子的速度餵食。

【重點1】

蘋果泥的份量大概是1小匙，但最好是切小塊一點，不然會堵住針筒的孔。

【重點2】

若不先剪開針筒的前端再用，就會只吸到水分，餵的時候也會只餵到水。

＜餵食之際的注意事項＞

・避免讓兔子仰著頭吃，以免增加誤嚥的風險。

・由於針筒的前端已經剪開，若是壓到最後，橡皮的部分會突出來，餵食的時候要特別小心。

【重點1】

每日的餵食量、餵食次數與協助餐一樣。

【重點2】

用1cc的針筒餵的祕訣如下。

・將針筒的前端插入切齒與臼齒之間。要注意的是，不要突然插進去，要從嘴角慢慢地擠進去，然後讓針筒的前端朝上（朝向上顎的方向），再緩緩將食物注入嘴中。

・將針筒放進兔子嘴裡時，可以放到0.5cc刻度的位置，不然至少要放到看不到0.3cc的刻度，才算放得夠深。

・如果是能自己吃看護餐的兔子，可以只將針筒前端放入兔子的嘴裡。

・如果是排斥針筒的兔子，可在放入針筒後，讓針筒的前端朝上顎的方向立起，再擠出食物。如此一來，食物會落在口腔深處的舌頭上，兔子也比較容易吞嚥，也能避免誤嚥。

・如果兔子沒辦法一下子吞下食物，導致嘴巴裡含著一堆食物的話，可先擠入0.5cc的量，然後先把針筒抽出來。有許多兔子會在針筒抽出來之後，才能把食物吞下去。

・若是愛吃看護餐的兔子，可以一口氣將1cc量的食物全擠進去。

COLUMN

兔子進食的驚險瞬間

與兔子平穩的生活中，有時候也會遇到讓人嚇出一身冷汗的瞬間。在此為大家介紹一些有關進食的驚險瞬間，只要時時注意，就能防範這些意外或事故發生！

牧草的袋底都有脫氧劑，但都很小包，我曾經不小心將脫氧劑與一整把牧草放進籠子裡。雖然我都有在注意這點……

▶▶兔子要是不小心吃進肚子，那可就糟糕了。除了脫氧劑之外，還要檢查有沒有其他的異物。

以為還有備用的飼料，結果打開箱子，什麼都沒有，只好趕緊去買。

▶▶除了平常餵食的食材之外，也要準備一些在災害來臨時，餵給兔子吃的備糧。

我常去充滿大自然的地方玩，也常順便摘野草餵兔子吃。給在地人看我摘的野草之後，才發現我錯把毒芹當芹菜，差點就餵給兔子吃了。

▶▶不知道的事情就要查清楚、問仔細喲。

我在書上讀到，飼料的餵食量是兔子體重的2%，所以我每次都餵這個量，但我的數學不好，不小心算錯份量，餵了太多飼料了。

▶▶還好有發現算錯！

我們是全家一起餵兔子，每個人都以為別人會餵，結果有一次居然沒人餵，兔子都餓到把餐具弄出聲音了。

▶▶最好先排出餵食的值日生。

爸爸因為工作的關係，都是全家睡了才回到家。這時候只有兔子還醒著。拗不過兔子請求的爸爸只好在半夜餵兔子吃點心與飼料。

▶▶別剝奪爸爸這項樂趣，可留一些點心的額度，讓爸爸半夜有得餵。

在廚房切蔥的時候，有些蔥花掉在地上，結果兔子飛快地衝來，準備叨走這些蔥花，害我嚇得趕快回收這些蔥花。

▶▶除了青蔥之外，兔子也不能吃洋蔥、韭菜這類食材。要小心別讓這些食材掉到地上喔。

因為天氣的關係，我將家庭菜園的紫蘇移入室內。某次看到兔子一臉滿足的表情，我突然有了不祥的預感。結果發現紫蘇被兔子吃得一乾二淨。

▶▶「看到有葉子就吃」是兔子的天性。就算是可以餵牠們吃的蔬菜，也不能讓牠們亂吃一通喲。

我去超商買完東西回家後，順手就把塑膠袋忘在房間，沒想到兔子跑到塑膠袋旁邊，感覺牠對袋子裡面的巧克力很感興趣啊。

▶▶兔子聽到袋子的摩擦聲音，大概會覺得裡面有好吃的食物吧。即使這個食物對牠不太好，也會很有興趣。

我都為兔子準備陶製的餐具。正當我疑惑，餐具上面怎麼有條線，才發現原來是裂縫！還好沒讓這個餐具在籠子裡面用到破掉。

▶▶陶製的餐具有時候出現裂縫或是缺角，算是易碎物品。

我家兔子與飲水器來了場大戰。我心想這是怎麼回事之後，檢查了一下飲水器，才發現原來是沒辦法出水，害兔子渴到不行，真是對不起牠。

▶▶有時候飲水器就是會因為某些緣故而無法出水，所以每次裝回去的時候，都要確認一下能不能正常出水。

準備從裝滿牧草的袋子抓一大把牧草放進籠子時，我太用力，差一點就打到兔子，讓我嚇了一大跳。

▶▶不要一口氣抓那麼大把，一點一點抓出來就好。

我每天都有洗飲水器，但不知道是不是刷得不夠乾淨，底部居然長了一層薄薄的綠苔。

▶▶如果沒刷乾淨，就會長水垢或青苔，變得紅紅綠綠的，可是一點都不好看喲。

嚇出一身冷汗的話，
就會「記取教訓」！

part
6

食物的資料庫

既然在災害頻傳的地球生活，就少不了為兔子準備一些面對災害的對策。接下來要為大家介紹一些在面臨災害之際，為兔子準備食物的方法。本章也收錄了牧草、蔬菜、飼料這些食材的成分表，可在替兔子挑選食物時作為參考。另外也整理了兔子的進食史與相關的法律。

1. 兔子的進食史

寵物兔都吃些什麼？

兔子與人類的關係隨著時代改變，過去人類為了吃兔子的肉以及獲取牠們的毛皮，而將兔子當成家畜飼養，但現在已經與狗或貓一樣，成為所謂的伴生動物。現在或許是兔子過得最健康的時代。接著讓我們從食物切入兔子的歷史，看看能從過去的飼養方式學習到什麼吧。

於伊比利半島棲息的兔子（歐洲穴兔）差不多是在西元前750年的羅馬時代被馴化為家畜，而正式開始飼養的時代是11～12世紀，於歐洲各地全面飼養則是在15～16世紀。

江戶時代的兔子～蔬菜與穀類

據說，兔子是在中世紀才進入日本。有些江戶時代中期的文獻留有兔子（穴兔）被當成寵物飼養的證據。圓山應舉（1733～1795）的《百兔圖》或《木賊與兔圖》都畫有白毛紅眼的兔子與黑白毛色的兔子，其他畫中也出現了許多白色紅眼的兔子，代表穴兔在當時已比想像中還要融入人類生活。有文獻指出兔子會吃「蔬穀」，代表當時有可能是餵蔬菜與穀類。

明治時代的兔子～穀類以及各種植物

明治初年出現了一股兔子飼養熱潮。當時的兔子多從歐美以及中國進口，主要是當成玩賞用，蔚為風潮後，價格暴漲，據說最受歡迎的雄兔要價約現代的50～100萬日圓。明治6年（1873）開始採行每隻兔子徵收一元的「兔子稅」。

明治元年（1868）於倫敦發行了一本「牧畜要論」。明治6年，在日本出版了翻譯版，從中可窺見當時的兔子都吃哪些食物。

當時最推薦的兔子食物為不含水分的穀類（大麥、小麥、玉米），其他像是芹菜、百里香（以下都以現在通用的植物名稱記載）、蓍草或洋蓍草這類香氣茂盛的植物，以及高麗菜的粗葉、蕪菁葉、萵苣、旱芹、胡蘿蔔這類植物的葉子，以及繁縷與蒲公英。其中記載的注意事項也提到，這些植物必須經過乾燥再餵，也禁止餵肉、酸與辣的食物，否則有可能會導致兔子死亡。

明治初年掀起的兔子熱潮雖帶有濃厚投機色彩，但目的終究是為了玩賞。等到進入中日戰爭、日俄戰爭的時代，就是為了取得製作軍服所需的皮毛，或是為了取得兔肉而飼養兔子。

明治25年（1892）的「兔育草」提到當時都餵兔子吃柔軟的野草或是切成小塊的蔬菜，偶爾也會餵豆渣。餵豆渣的時候，會與切細的蔬菜或野草加水拌在一起，兔子似乎特別喜歡這種食物。書中也提到在深山裡的植物葉子之中，兔子最愛吃的是芹菜葉、葛葉、車前草，此外，若是在牧場飼養兔子，建議選用眾所周知的提摩西。

大正時代的兔子～豆渣或麩皮為主要飼料

大正時代的兔子也是被當成家畜飼養。讓我們看看大正9年（1920）的食用兔子飼育書《兔子

的飼養方式》是怎麼餵養兔子的吧。

夏天的早上或中午：新鮮野草（繁縷、白三葉草、齒葉苦蕒菜、蒲公英、稗草、玉米莖）、胡蘿蔔的葉子。

傍晚：大麥1合（先在早上泡水）。

冬天的早上或中午：蘿蔔的乾草（用熱水泡發）、樹葉。

傍晚：大麥1合（先泡在水裡一晚）。些許蓮藕的碎屑、南瓜（未成熟的南瓜）些許。

這本書也提到農作物的殘渣（豆渣、麩皮）在日本是兔子的主要飼料，麵包屑也是都會使用的食物。

若從現代來看，當時餵給兔子吃的食物多屬碳水化合物，但在那個沒有飼料的時代，只能從一般的食物中挑出能給兔子吃的食物。

昭和時代、戰爭時期的兔子～只要是蔬菜殘屑即可

第二次世界大戰時期，兔子被當成「軍用兔」徵收。為了「將毛皮與兔肉獻給在前線的士兵」（節錄自雜誌《日本婦人》），飼養老人、女性、小孩都能輕鬆照顧（當時如此認為）的兔子成為最推薦的「國策副業」。

《日本婦人》中提到，在野草、牧草、乾草以及蔬菜殘屑摻入一些硬質的飼料（例如穀類），就能把兔子養壯。《國策副業》、《兔子的飼養方法》中也提到，蘿蔔葉、地瓜葉、蒲公英、繁縷這類野草，南瓜、胡蘿蔔、白菜這類蔬菜的殘屑，都是可餵的食物，如果兔子偏食就長不壯，所以要餵各種食物。豆類的葉子或是外殼只要少量持續餵食，也能讓兔子茁壯。

昭和9年（1934）的《非常有用的兔子飼養方法與銷售方式》之中，最令人眼睛為之一亮的是飲水的部分。其中提到「餵兔子喝水，兔子就會死掉是無稽之談，必須每天在固定的時間餵水」。會提到在固定時間餵水，是因為當時沒有飲水器這麼方便的器具，兔子也不是養在現在這麼衛生的籠子，而是養在木箱裡吧。不難想像，如果兔子打翻了水，就會著涼或是讓環境變得不衛生。

順帶一提，在後續的昭和到平成這段期間，曾出現在路邊銷售兔子的攤販，而當時的叫賣口號之一就是「不能餵兔子喝水」，不知道當時的攤販為什麼要這麼說（因為打翻水之後，環境會變得不衛生？還是兔子會著涼？）

昭和、戰後的兔子～青果要蔭乾之後再餵

戰爭結束後，兔子雖不再被「徵召」，卻被當成各種資源應用，例如「兔皮、兔毛」被當成「進口糧食的回饋品」或是「自給自足的服飾資源」，也被當成「提升國民營養的食品」、「糞便」也有一定的用途（節錄自《兔子的飼養方法》），唯獨沒有「玩賞」的這項用途。

在《兔子飼養方法　兔子的高速養肥法》替每個季節的餵食內容打了分數。春天該餵的是蓮花、繁縷、紫花苜蓿這類食物，夏天該餵戟葉蓼、稗草、馬鈴薯殘屑，秋天該餵山毛櫸果實、地瓜的枝蔓、桑葉（乾燥），冬天要餵乾草、青貯料（青刈作物，將牧草放入穀倉，進行乳酸發酵的食物），這些都是一百分滿分的食物（順帶一提，提摩西的分數為85分）。

此外，還提到青果類的食物若前一天才採集，必須先蔭乾再餵食，也要在固定時間餵，以免兔子消化不良。還介紹了在畜產實驗場的餵食量。

早上…200公克青菜

中午…80公克豆腐渣

傍晚…穀物飼料（小麥20、大麥20、大豆油粕5的重量比例）、200公克青菜

當時的兔子雖然是家畜，但飼主還是會想辦法為牠們消除壓力，例如在餵食時，會輕輕地喚牠們的名字再慢慢走近，以免嚇到牠們。

◆**實驗動物、學校飼育動物的兔子**

為了取得兔毛與兔肉而飼養的兔子從昭和初期之後，也被當成實驗動物使用，二次世界大戰之後，被當成實驗動物的兔子也逐漸增加，當時也生產了實驗動物專用飼料。

兔子也有被當成學校飼育動物飼養。昭和10年（1935）左右，理科的教科書首次出現「照顧兔子」這種單元，其中提到「要仔細調查摘來的野草之中，有沒有摻雜兔子討厭的種類」、「兔子也會拉肚子，此時可餵老鸛草或是當藥止瀉」。

即使到了現在，學校仍依照學習指導要領飼養兔子或其他動物。平成15年（2003），文部科學省發表「理想的學校飼育動物」就針對餌食提到「目前常餵食的食物為營養午餐的殘羹剩飯或野草，但這種餵食內容有份量不足或營養不良的問題，最好改餵市售的兔子專用飼料」、「可餵蔬菜（胡蘿蔔、高麗菜、白菜、蕷薯類、南瓜、小松菜、香芹、蒲公英、白三葉草、乾草）作為補充食品」、「每天要將餌食換成新的」、「手邊若沒有兔子專用飼料，可改餵小魚干」、「以單次餵食量而言，兔子專用飼料為100公克，蔬菜則是裝滿一碗尖尖的，早上與傍晚各餵一次，大概以兔子一個小時能吃得完的份量為標準」。各界對於在學校飼養兔子這件事有的反對也有的支持，但有養兔子的學校最好能注意兔子的飲食，也必須實施適當的飼育管理。

從昭和到平成的兔子～以牧草為主食

昭和55年（1980）的《飼養方式圖鑑　動物1兔子、倉鼠、雞》建議餵兔子吃「飼料、高麗菜、地瓜、胡蘿蔔、小松菜」，不過當時認為「飼料是可餵可不餵的食物」，而且也沒提到現在必餵的牧草。

進入平成時期後，兔子的主食已是飼料，但牧草的重要性只與蔬菜或野草不相上下。

兔子的飲食大概是在1999年的兔年產生明顯變化。這或是也與美國安哥拉兔這類純種兔突然大受歡迎有關。基於「想讓兔子活久一點」的想法，牧草也開始備受重視。

令和的兔子～選項增加與資訊的取捨

現代的兔子飲食內容通常是以能平均攝取補充營養、強化體格的飼料，以及照顧牙齒、消化道健康、滿足進食天性的牧草為主。

由於飼主愈來愈在意兔子的健康，加上製造商的精心研發，還有兔子用品專賣店的努力，愈來愈多品質優良的飼料或點心上市，但這一切當然也與兔子作為伴生動物的地位愈來愈高有關。餵食的選項增加當然也是值得開心的事。

不過，劣質的商品並未被淘汰，寵物用品專賣店的兔子專用飼料，不一定都適合餵兔子吃，飼主必須從兔子的食性與營養面購買真正對兔子有益的食物才行。

網路上有許多昭和時期還沒出現的資訊來源，如果不知道某種蔬菜可不可以餵，應該有不少人會在網路搜尋答案吧？但有的網路資訊會附上來源或佐證，有的卻毫無根據，所以參考網路資訊時，不能全部相信，必須先有「網路資訊不一定正確」的概念，一邊搜尋，一邊確認查到的資訊是否有根據或佐證，再行參考。

2. 因應災害的對策

防災用品的準備

◆備齊避難用品

日本是天災頻繁的國家，如果需要離家避難時，有可能會躲到避難所、私家車或朋友家裡，所以要事先將兔子的避難用品全放進人類的避難用品裡面。

◆避難用品範例之一

兔子的移動與居住

寵物籃是選項之一，若打算開車或是移動還算方便的話，可選擇折疊式的籠子。

生活用品

寵物胸背帶（為了以防萬一，可貼上名牌，避免兔子走丟，也要在平日讓兔子穿習慣）、牽繩，可以的話，再準備餐具、飲水器或飲水盤，以及罩住寵物籃、籠子的布以及防寒布。

清潔用品

寵物墊、塑膠袋、報紙、除臭噴霧、布膠帶、毛巾、溼紙巾

食物

飼料、牧草、點心、飲用水

健康管理

醫院的聯絡方式、診療券、飼育日記、常備藥、營養補充食品，有必要的話可準備針筒。

◆飲食重點

飼料

有些避難用品會納入兔子專用飼料，但數量不多，通常以貓狗的飼料較為大宗，而且就算買得到避難專用的兔子飼料，也不一定與兔子吃習慣的飼料一樣，所以最好能準備兩週份量的舊飼料，放進避難急救包裡。

牧草

牧草的體積較大，不太容易放進避難急救包，但對兔子來說，牧草是非常重要的食物，建議至少放500公克的市售牧草。

點心

不管是災害、移動還是飼主的不安，都會讓兔子感到壓力，也有可能因此食慾不振，所以要在避難急救包放進不管什麼時候兔子都一定會吃的點心。

飲水

如果兔子因為壓力或緊張而喝不下水，還是要盡量餵牠喝，這也是一定要準備的食物。人類的避難急救包也會放水，但人類本身也需要水，所以要另外替兔子準備水。在避難所領到的水通常是茶，所以得另外準備兔子專用的運動飲料。

營養補充食物

可準備平常餵食的種類，也可準備兔子不舒服或食慾不振時常吃的營養補充食品。

平常就該準備避難時所需的用品。

透過循環儲糧因應災害

◆家庭常備糧食

最近提倡所謂「自宅避難」的理念，也就是即使居家附近發生災害，只要自己的房子沒有受災，就不需逃到別的地方避難的意思。不過在這種情況下，周邊的交通網可能已支離破碎，在網路上買牧草或飼料，可能得等很久才能送來，寵物用品專賣店也很難如常進貨，寵物用品的生產工廠，說不定也受到天災摧殘，所以就算是遙遠地區發生天災，仍有可能讓我們無法購得需要的商品。

若是在迫於緊急的情況下購買這些商品，有可能會發生「常餵的牧草與飼料用完了，不知何時才能再買得到」的問題。

建議大家最好能囤積兩個月份的牧草與飼料，飲水（軟水的礦泉水）也最好備足一個月份，這樣才比較保險。

◆循環儲糧

建議大家採用循環儲糧這個人類的災害應變措施為兔子準備食物。這是一種食物在日常生活消耗的同時，順便補充備量的思維。

◆循環儲糧的範例之一

① 目前已經有一包平常餵的飼料開封，然後採用循環儲糧這個方法。

② 買一包新的飼料，作為備用。

③ 平常餵的飼料快見底的時候，再買一包新的飼料作為備用。

④ 平常餵的飼料見底時，打開步驟②買的那包飼料，作為日常餵食之用。在步驟③購買的飼料仍當成備用。

⑤ 長此以往，家裡都會有一包沒開封的飼料備用，而且會定期更新，也就不會發生「突然需要打開備用的飼料來餵，卻發現這包飼料早就過期」的問題。

⑥ 除了飼料之外，牧草、點心、營養補充食品、礦泉水都能採用這種循環儲糧的概念。

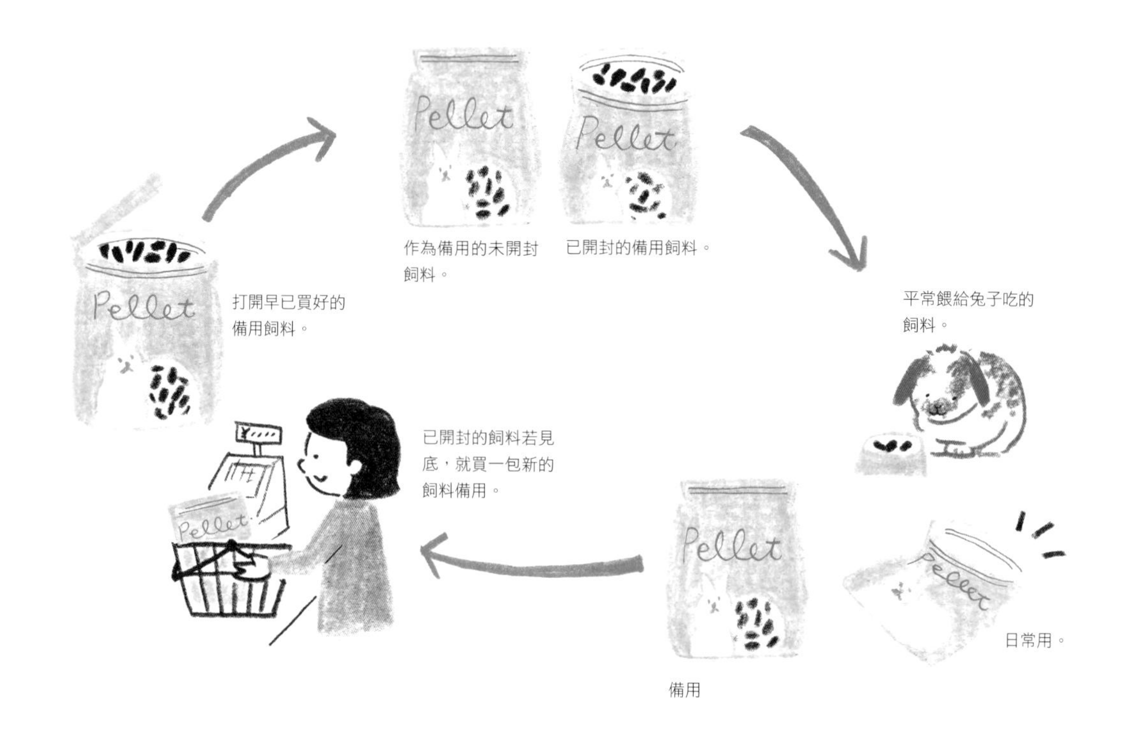

這是循環儲糧的範例。建議在家備糧時，採用這種循環（rolling）儲糧的方式。

COLUMN

注意居家附近的門市

透過網路購買飼料或牧草已是非常普遍的方式，但是天災發生時，訂購的產品不一定能如期送達，甚至有可能無法配送（若能早一步採用循環儲糧，就能避開這種風險）。

所以建議大家確認居家附近的寵物用品專賣店、超市或是家庭百貨有沒有銷售兔子專用的飼料或牧草。

COLUMN

同行避難

發生災害時，基本上該與兔子一起避難。日本環境省的「寵物災害救助指南」也認為從愛護動物以及保全人類生活環境的角度來看，同行避難是應該推廣的概念。目前也有災難發生時，帶著兔子在避難所生活的實際案例。

不過同行避難不代表一定「要帶著兔子進入避難所」，只是帶著寵物前往安全場所避難（避難行為）。類似的詞彙還有同伴避難，但這是指災民於避難所飼養與管理寵物的意思（或狀態），有時候是讓寵物與人類在不同的房間接受照顧。

每處避難所的規則都不一樣，避難時，必須特別注意這些規則。

COLUMN

先找到可餵食的野草

災害發生時，有可能無法取得平常餵兔子吃的食物，而為了因應這種緊急狀態，最好先找找看居家附近有沒有能餵兔子吃的野草（摘野草的注意事項請參考110頁的說明）。

此外，枇杷葉或桑葉也是可以餵食的樹葉，所以平常與鄰居閒聊時，不妨先看看鄰居家裡有沒有種這類樹，如果有，說不定能在緊急的時候請鄰居分一點給你。

105頁介紹的家庭菜園當然也能在緊急的狀態下救兔子一命。

3. 兔子的食物與法律

動物愛護管理法與兔子的食物

接著讓我們一起看看與兔子食物有關的法律規範。本書只節錄極少的部分介紹，有興趣了解全貌的讀者，可於日本環境省動物愛護管理室的官網瀏覽法律的概要與條文。
※本單元介紹的是日本的法規。

◆適當地餵食與供水

「愛護與管理動物的法律」指出，照顧動物時，飼主有「適當地餵食與供水」的義務。

也規定飼主必須依照動物的品種與習性正確餵養，動物相關業者（例如寵物用品專賣店）則必須在銷售寵物之際，告知消費者適當的飼養方法。所謂「適當的飼養方法」當然也包括提供正常的飲食。

當然，同時也規定了相關罰則。舉例來說，若虐待動物，例如不假任何理由就停止餵食與供水，最高可處100萬日圓以下的罰金（經2019年6月修正後，罰則改為「拘役一年或100萬日圓以下的罰金」。於2020年6月起實行）。

日本環境省提出的「家庭動物的飼養與保管基準」也規定，飼主必須「依品種、發育情況餵食正常飼料與供水」，而同一項規定也制定了「第一類動物相關業者須遵守的動物管理方法細項」、「第二類動物相關業者須遵守的動物管理方法細項」，其中提到業者必須「依照動物的品種、數量、發育狀況、健康狀態與飼養環境選擇飼料的種類，並以適當的份量、次數餵食與餵水」。

第一類動物相關業者指的是寵物用品專賣店，以及寵物旅館這類以營利為目的的業者。第二類動物相關業者指的是不以營利為目的，飼養或保管一定數量（以兔子而言，就是超過10隻的數量。不同的動物有不同的規定數量）動物的業者，動物愛護團體的動物之家或公園都屬於這類非營利團體。

◆銷售斷奶的動物

業者不得銷售斷奶後，未能自行攝取成體飼料的動物。

寵物飼料安全法

寵物飼料安全法（玩賞動物的飼料安全性相關法律）是為了提供安全的寵物飼料，維護寵物健康、促進動物福祉而於2008年制定的法律（2009年6月開始實行）。

該法律的保護範圍為貓狗的「玩賞動物專用飼料」，其中包含綜合營養食品、副食、點心、磨牙玩具、營養補充食品、寵物專用礦泉水。

寵物飼料安全法規定了飼料基準（「不可摻雜有害物質，也不可被病菌這類微生物汙染，更不可使用有上述疑慮的原料」等等）與規格（添加物、農藥、汙染物，也替其他五個分項設定了含量的基準值）。寵物飼料的製造、進口、銷售相關業者都必須遵守上述的規範，也制定了包裝標示的相關基準（寵物飼料的名稱、原料名稱、保存期限、業者姓名與地址、原產地）。

兔子專用飼料雖不受上述法律規範，但製造與銷售貓狗飼料、兔子專用飼料的公司也遵守了寵物飼料安全法，所以應該也是依照相同的規範生產兔子專用飼料。

此外，在寵物飼料安全法制定之前，有意見指出應該先制定貓狗的相關基準。希望兔子專用食物的安全性也能在未來受到法律的規範。

4. 食物成分表與營養需求量

牧草成分表

（單位全部為%）

			水 分	粗蛋白質	粗脂肪	NFE	粗纖維	ADF	NDF	粗灰分	鈣	磷
乾牧草												
禾本科	提摩西	一割、出穗期	14.1	8.7	2.4	39.4	28.9	34.1	55.7	6.5	0.49	0.27
	提摩西	再生草、出穗期	16.5	8.2	2.3	39.1	27.8	32.8	53.7	6.1	0.44	0.31
	提摩西	進口	11.1	7.2	2.0	42.9	30.5	34.5	59.3	6.3		
	果園草	一割、出穗期	16.3	10.9	2.8	35.1	27.9	32.9	53.9	7.0	0.39	0.23
	義大利黑麥草	一割、出穗期	14.2	9.7	2.3	37.0	28.5	33.6	55.1	8.3	0.52	0.33
	義大利黑麥草	進口	9.4	5.6	1.3	48.9	29.2	38.0	59.2	5.6		
	葦狀羊茅	一割、出穗期	15.5	7.9	1.4	38.6	30.1	35.5	56.9	6.5		
	百慕達草	二割、出穗期	13.1	13.2	1.8	50.1	11.8	10.8	33.6	10.0		
	蘇丹草	一割、出穗期	15.5	5.8	1.4	40.5	27.8	32.8	52.8	9.0		
	蘇丹草	進口	10.4	7.1	1.4	43.9	28.9	37.0	61.6	8.3	0.43	0.22
	燕麥草	進口	12.0	5.5	1.9	47.8	27.0	31.5	55.7	5.7	0.22	0.17
豆科	苜蓿	一割、開花期	16.8	15.9	2.0	33.4	23.9	29.5	36.7	8.0	1.25	0.23
	苜蓿	進口	11.2	17.0	1.8	36.1	25.1	29.3	37.4	8.9	1.33	0.24
	紅三葉草	一割、開花期	17.3	12.7	2.5	36.7	23.8	30.2	38.0	7.0	1.65	0.24
	白三葉草	開花期	15.6	20.4	4.0	35.6	13.6			10.8		
新鮮牧草												
禾本科	提摩西	一割、出穗期	79.9	2.0	0.7	9.6	6.2	7.3	12.3	1.6	0.28	0.34
	果園草	一割、出穗期	80.5	2.3	0.7	9.1	5.7	6.7	11.5	1.7	0.38	0.29
	義大利黑麥草	一割、出穗期	84.7	2.1	0.6	6.7	4.3	5.0	8.8	1.6	0.44	0.31
	百慕達草	一割、出穗期	74.7	3.5	0.5	11.1	7.6	8.7	15.6	2.6		
	蘇丹草	一割、出穗期	80.3	2.1	0.6	8.2	6.8	8.0	12.9	2.0	0.34	0.26
	燕麥草	出穗前	87.5	2.9	0.8	4.7	2.5	2.9	4.8	1.6	0.46	0.36
	大麥	出穗前	87.8	2.3	0.6	4.8	3.3	4.0	6.0	1.2	0.40(※)	0.30(※)
豆科	苜蓿	一割、開花期	80.8	3.4	0.6	7.5	5.9	7.2	8.9	1.8	1.23	0.22
	紅三葉草	一割、開花期	84.0	2.7	0.6	7.0	4.1	5.4	6.8	1.6	1.65	0.27
	白三葉草	開花期	85.1	4.0	0.7	6.6	2.2	3.3	3.7	1.4	1.45	0.37
其他												
豆科	苜蓿草塊	進口	12.1	16.7	2.2	36.1	21.9	26.5	33.9	11.1		

（※出穗期）

節錄自「日本標準飼料成分表2009年版」

※註釋
水分到粗灰分為止是未經乾燥時的百分比，鈣與磷則是乾燥之後的百分比。
NFE：指的是「無氮抽出物」，從飼料總重扣掉水分、粗蛋白質、粗脂肪、粗纖維、粗灰分之後，剩下的物質，含有醣類、蛋白質、木質素（膳食纖維的一種）。將上方表格裡的水分、粗蛋白質、粗脂肪、NFE、粗纖維、粗灰分的數字加總，即可得到100%的總和。

ADF與NDF：ADF指的是「酸性洗滌纖維」，也就是纖維質的纖維素與木質素；NDF為「中性洗滌纖維」，指的是半纖維素、纖維素與木質素。上述都是非水溶性膳食纖維的成分。
一般的成分分析只會先讓部分的纖維素溶出，所以就實務而言，無法評估所有纖維質，但以洗滌法這種方式分析就能評估所有纖維，飼料的纖維質也在重要家畜的世界進化。

食材成分表

（每100公克含量）

		熱 量	水 分	蛋白質	脂 質	碳水化合物	水溶性膳食纖維	非水溶性膳食纖維	灰 分	鈣	磷	硝酸根離子	備 註
		kcal	g	g	g	g	g	g	g	mg	mg	g	
蔬菜													
十字花科	蕪菁　葉子　新鮮	20	92.3	2.3	0.1	3.9	0.3	2.6	1.4	250	42	Tr	
	高麗菜　結球葉　新鮮	23	92.7	1.3	0.2	5.2	0.4	1.4	0.5	43	27	0.1	
	西洋菜　莖葉　新鮮	15	94.1	2.1	0.1	2.5	0.2	2.3	1.1	110	57	0.1	
	小松菜　葉子　新鮮	14	94.1	1.5	0.2	2.4	0.4	1.5	1.3	170	45	0.5	
	山東菜　葉子　新鮮	14	94.7	1.0	0.2	2.7	0.4	1.8	1.1	140	27	0.3	
	塔菇菜　葉子　新鮮	13	94.3	1.3	0.2	2.2	0.2	1.7	1.3	120	46	0.7	
	蘿蔔　葉子　新鮮	25	90.6	2.2	0.1	5.3	0.8	3.2	1.6	260	52	0.2	
	青江菜　葉子　新鮮	9	96.0	0.6	0.1	2.0	0.2	1.0	0.8	100	27	0.5	
	薺菜　花蕾、莖　新鮮	33	88.4	4.4	0.2	5.8	0.7	3.5	1.2	160	86	Tr	
	白菜　結球葉　新鮮	14	95.2	0.8	0.1	3.2	0.3	1.0	0.6	43	33	0.1	
	櫻桃蘿蔔　根部　新鮮	15	95.3	0.8	0.1	3.1	0.2	1.0	0.7	21	46	-	
	綠花椰菜　花序　新鮮	33	89.0	4.3	0.5	5.2	0.7	3.7	1.0	38	89	Tr	
	綠花椰菜外葉		83.4	3.3	0.7	（無氮抽出物9.2）	（粗纖維2.4）		1.0				（日）單位為%
	水菜　葉子　新鮮	23	91.4	2.2	0.1	4.8	0.6	2.4	1.3	210	64	0.2	
	壬生菜　葉子　新鮮	15	93.9	1.1	0.3	2.9	0.3	1.5	1.3	110	34	0.5	
	芝麻菜　葉子　新鮮	19	92.7	1.9	0.4	3.1	0.3	2.3	1.5	170	40	0.4	
傘形科	明日葉　莖葉　新鮮	33	88.6	3.3	0.1	6.7	1.5	4.1	1.3	65	65	Tr	
	芹菜　莖葉　新鮮	17	93.4	2.0	0.1	3.3	0.4	2.1	1.2	34	51	0	
	旱芹　莖葉　新鮮	15	94.7	0.4	0.1	3.6	0.3	1.2	1.0	39	39	0.2	
	胡蘿蔔　根　帶皮　新鮮	39	89.1	0.7	0.2	9.3	0.7	2.1	0.8	28	26	0	
	胡蘿蔔葉　葉子　新鮮	18	93.5	1.1	0.2	3.7	0.5	2.2	1.1	92	52	0.4	
	香芹　葉子　新鮮	43	84.7	4.0	0.7	7.8	0.6	6.2	2.7	290	61	0.2	
	水耕鴨兒芹　葉子　新鮮	13	94.6	0.9	0.1	2.9	0.3	2.0	1.2	47	47	0.3	
	芫荽　葉子　新鮮	23	92.2	2.13	0.52	3.67	（膳食纖維2.8）		1.47	67	48		（美）
菊科	山茼蒿　葉子　新鮮	22	91.8	2.3	0.3	3.9	0.8	2.4	1.4	120	44	0.3	
	萵苣　土耕栽培　新鮮	12	95.9	0.6	0.1	2.8	0.1	1.0	0.5	19	22	0.1	
	結球萵苣　葉子　新鮮	14	94.9	1.0	0.2	2.7	0.2	1.6	1.0	56	49	0.2	
	葉萵苣　葉子　新鮮	16	94.0	1.4	0.1	3.3	0.5	1.4	1.0	58	41	0.2	
	紅葉萵苣　葉子　新鮮	16	94.1	1.2	0.2	3.2	0.6	1.4	1.1	66	31	0.2	
唇形科	紫蘇　葉子　新鮮	37	86.7	3.9	0.1	7.5	0.8	6.5	1.7	230	70	0.1	
衛矛科	扶芳藤　莖葉　新鮮	13	95.1	0.7	0.2	2.6	0.6	1.6	1.1	150	28	0.3	
茄科	番茄　果實　新鮮	19	94.0	0.7	0.1	4.7	0.3	0.7	0.5	7	26	0	
豆科	豆苗　嫩芽　新鮮	24	92.2	3.8	0.4	3.2	0.2	2.0	0.4	7	47	0	
野草、香草													
十字花科	繁縷　葉子　新鮮	36	86.8	4.3	0.1	7.0	0.5	4.9	1.7	290	92	0.1	
菊科	艾草　葉子　新鮮	46	83.6	5.2	0.3	8.7	0.9	6.9	2.2	180	100	Tr	
	蒲公英　葉子　新鮮	45	85.6	2.7	0.7	9.2	（膳食纖維3.5）		1.8	187	66		（美）
	薊菜		88.9	1.5	0.6	（無氮抽出物4.8）	（粗纖維2.2）		2.0	2.97	0.40		（日）單位為%
唇形科	羅勒　葉子　新鮮	24	91.5	2.0	0.6	4.0	0.9	3.1	1.5	240	41	0.4	
	胡椒薄荷　新鮮	44	85.6	3.29	0.73	8.41	（膳食纖維6.8）		2,03	199	60		（美）

（每100公克含量）

		熱量	水分	蛋白質	脂質	碳水化合物	水溶性膳食纖維	非水溶性膳食纖維	灰分	鈣	磷	硝酸根離子	備註
		kcal	g	g	g	g	g	g	g	mg	mg	g	
禾本科	山白竹		53.7	5.7	1.8	（無氮抽出物19.9）	（粗纖維15.3）		3.6				（日）單位為%
	狗尾草		45.7	5.4	1.2	（無氮抽出物23.6）	（粗纖維18.3）		5.8				（日）單位為%
水果													
薔薇科	草莓　新鮮	34	90.0	0.9	0.1	8.5	0.5	0.9	0.5	17	31	-	
	草莓　乾燥	302	15.4	0.5	0.2	82.8	1.2	1.7	1.0	140	9	-	
	草莓　葉莖		55.7	5.4	1.8	（無氮抽出物24.1）	（粗纖維8.7）		4.3				（日）單位為%
	日本梨　新鮮	43	88.0	0.3	0.1	11.3	0.2	0.7	0.3	2	11	-	
	洋梨　新鮮	54	84.9	0.3	0.1	14.4	0.7	1.2	0.3	5	13	-	
	桃子　新鮮	40	88.7	0.6	0.1	10.2	0.6	0.7	0.4	4	18	-	
	蘋果　帶皮　新鮮	61	83.1	0.2	0.3	16.2	0.5	1.4	0.2	4	12	-	
桑科	無花果　新鮮	54	84.6	0.6	0.1	14.3	0.7	1.2	0.4	26	16	-	
	無花果　乾燥	291	18.0	3.0	1.1	75.3	3.4	7.3	2.5	190	75	-	
獼猴桃科	奇異果　綠肉　新鮮	53	84.7	1.0	0.1	13.5	0.7	1.8	0.7	33	32	-	
鼠李科	紅棗　乾燥	287	21.0	3.9	2.0	71.4	2.7	9.8	1.7	65	80	-	
鳳梨科	鳳梨　新鮮	51	85.5	0.6	0.1	13.4	0.1	1.4	0.4	10	9	-	
芭蕉科	香蕉　新鮮	86	75.4	1.1	0.2	22.5	0.1	1.0	0.8	6	27	-	
	香蕉　乾燥	299	14.3	3.8	0.4	78.5	2.0	5.0	3.0	26	84	-	
番木瓜科	木瓜　成熟　新鮮	38	89.2	0.5	0.2	9.5	0.7	1.5	0.6	20	11	-	
	木瓜　未熟　新鮮	39	88.7	1.3	0.1	9.4	0.4	1.8	0.5	36	17	-	
杜鵑花科	藍莓　新鮮	49	86.4	0.5	0.1	12.9	0.5	2.8	0.1	8	9	-	
	藍莓　乾燥	286	21.9	2.7	1.9	72.5	3.0	14.6	1.0	43	63	-	
漆樹科	芒果　新鮮	64	82.0	0.6	0.1	16.9	0.6	0.7	0.4	15	12	-	
葫蘆科	露天哈蜜瓜　綠肉　新鮮	42	87.9	1.0	0.1	10.4	0.2	0.3	0.6	6	13	-	
茄科	枸杞　乾燥	349	7.5	14.26	0.39	77.06	（膳食纖維13.0）		0.78	190			（美）
其他													
禾本科	大麥		11.5	10.6	2.1	（無氮抽出物69.0）	（粗纖維4.4）		2.3	0.06	0.37		（日）單位為%
	燕麥		11.3	9.8	4.9	（無氮抽出物61.0）	（粗纖維10.3）		2.7	0.07	0.31		（日）單位為%
豆科	葛		65.0	5.8	1.1	（無氮抽出物14.7）	（粗纖維10.4）		3.0				（日）單位為%
桑科	桑　葉		69.8	7.7	1.6	（無氮抽出物15.2）	（粗纖維3.5）		2.2				（日）單位為%

※註釋
・引用自「日本食品標準成分表2015年版（七訂）」。
・可食用部分100公克的平均值。
・表格裡的「－」代表未測量，「Tr」為微量，「（ ）」為推測值。
・碳水化合物之中的「可利用碳水化合物（單糖當量）」為澱粉、葡萄糖、果糖、蔗糖、麥芽糖、乳糖、半乳醣、海藻糖的合計值。
・「硝酸根離子」就是硝酸鹽。
・食材的營養價會因品種、成長階段、收成時期、天候、土壤狀態、肥料、部位、保存方式不同。
・備註的（美）代表該資料引用自「美國農業部國家營養素資料庫」。（日）代表該資料引用自「日本標準飼料成分表」。
・「日本食品標準成分表2015年版（七訂）」已於日本農林水產省官網公布。

飼料成分表

（每100公克含量）

製造商	品名	熱量	粗蛋白質	粗脂肪	粗纖維	粗灰分	水分	鈣	磷	
		kcal/100 g	%	%	%	%	%	%	%	備註
イースター	バニーセレクション グロース	265以上	18.0以上	2.0以上	18.0以下	11.0以下	10.0以下	0.8以上	0.5以上	幼兔、懷孕哺乳期
	バニーセレクション ネザーランドドワーフ専用	240以上	13.5以上	2.0以上	22.0以下	10.0以下	10.0以下	0.5以上	0.3以上	
	バニーセレクション ロップイヤー専用	230以上	12.5以上	2.5以上	24.0以下	10.0以下	10.0以下	0.5以上	0.3以上	
	バニーセレクションプロ ヘアボールコントロール	270以上	12.0以上	7.0以上	21.0以下	9.0以下	10.0以下	0.5以上	0.25以上	
GEX	彩食健美 7種ブレンド	275	16.0以上	2.5以上	15.0以下	10.0以下	10.0以下	0.5以上	0.5以上	從幼兔開始
	ラビットプレミアムフード シンバイオティクスブレンド	298	14.0以上	2.5以上	18.5以下	8.5以下	10.0以下	0.7以上	0.35以上	全生命週期
ハイペット	うさぎのきわみ	約240	14.0-16.0	2.0-4.0	20.0-24.0	5.0-8.0	10.0以下	0.5-0.7		全生命週期
	グルフリ生活 オールステージ	約250	14.0以上	2.0以上	21.0以下	8.0以下	10.0以下	約0.5		全生命週期
メディマル	バージェス　エクセル ネイチャーズブレンド		12.6以上	3.6以上	16.5以下	6.5以下	10.0以下	0.75	0.4	總纖維35.0%以上、4個月大開始
	バージェス エクセルラビット　ライト		13以上	3以上	19以下	5以下	10以下	0.8	0.5	總纖維38%以上、發福的成兔
マルカン	プレミアムラビットフード メンテナンス	308	14.0以上	3.9以上	15.2以下	7.3以下	10.0以下			從8個月大到4歲
	プレミアムラビットフード シニア	305	13.0以上	3.8以上	16.3以下	7.1以下	10.0以下			4歲以上
三晃商会	ラビット・プラス ダイエット・メンテナンス	240以上	13.0以上	2.5以上	22.0以下	10.0以下	10以下	0.6以上		6～8個月大以上
	ラビット・プラス ダイエット・グロース	260以上	18.0以上	2.5以上	18.0以下	10.0以下	10以下	0.8以上		到8個月大為止
	ラビット・プラス ダイエット・ライト	220以上	12.0以上	2.0以上	27.0以下	11.0以下	10以下	0.5以上		6～8個月之後，發福的兔子、高齡兔子
	ラビット・プラス シニア・サポート	250	15.0以上	2.5以上	23.0以下	10.0以下	10以下	0.7以上		4歲以上
フィード・ワン	良質素材ラビットフード	255	13.0-16.0	2.0-4.0	18.0-24.0	5.0-8.0	10.0以下	0.5-0.7	0.3-0.5	全生命週期
	ラビットフード コンフィデンス		13.0-16.0	2.0-4.0	18.0-22.0	7.0-9.0	10.0以下	0.6-0.8	0.3-0.5	動物醫院專用
フィード	APD　ティミー		14.0以上	2.0以下	30.0以下			0.4-0.6	0.4以上	成兔專用
	APD　アルフィー		16.00以上	3.5以上	17.00以下			0.5-1.0以下	0.5以上	幼兔專用
ウーリー	スタンダードブルーム		14.0-16.5	3.5-4.5	15.5-19.0	6.0-7.5	3.0-4.5	0.52-0.65		6個月大至2歲
	スペシャルブルーム		14.0-16.5	3.5-4.5	15.5-19.0	6.0-7.5	3.0-4.5	0.51-0.61		6歲之後
	ヘイノルド ウールフォーミュラー		17.00以上	3.00以上	17.00-21.00			0.60-1.10	1.4以上	長毛種
川井	OXBOW　エッセンシャル アダルトラビットフード		14.00以上	2.00以上	25.00-29.00		10.0以下	0.35-0.75	0.25以上	硬飼料、1歲以上
	OXBOW　ガーデンセレクト アダルトラビットフード		12.00以上	2.50以上	22.00-26.00		10.0以下	0.35-0.75	0.25以上	半硬飼料、1歲以上
BUNNY GARDEN	Natural Harvest		17.6	2.8	11.6	12.6		1.74	0.2	全生命週期
ニチドウ	モンラパン	260	14.0以上	3.0以上	20.0以下	9.0以下	10.0以下	0.7以上	0.4以上	全生命週期
	メディラビット アダルトハード	256	16.0以上	2.5以上	19.0以下	9.0以下	10.0以下	0.8以上	0.4以上	半硬飼料、6個月以上
	メディラビット アダルトソフト	259	14.5以上	3.0以上	19.0以下	9.0以下	10.0以下	0.7以上	0.4以上	6個月以上

※註釋

・各製造商標記的成分名稱都不同，上述表格為了方便標記而統一名稱（例如蛋白質會標記為「粗蛋白質」、脂質會標記為「粗脂肪」、代謝熱量會標記為「卡路里」）。

・市面上仍有許多未收錄於此表格的兔子專用飼料。

兔子的營養需求量

（每公斤進食量的需求量）

資料1	發育期	維持期
可消化熱量（kcal）	2500	2100
可消化養分總量（%）	65	55
粗纖維（%）	10-12	14
脂肪（%）	2	2
粗蛋白質（%）	16	12
礦物質		
鈣（%）	0.4	-
磷（%）	0.22	-
鎂（mg）	300-400	300-400
鉀（%）	0.6	0.6
鈉（%）	0.2	0.2
鉻（%）	0.3	0.3
銅（mg）	3	3
碘（mg）	0.2	0.2
錳（mg）	8.5	2.5
維生素		
維生素A（IU）	580	-
形態為胡蘿蔔素（mg）	0.83	-
維生素E	40	-
菸鹼酸（mg）	180	-
吡哆醇（mg）	39	-
類維生素物質		
膽鹼（公克）	1.2	-
胺基酸		
離胺酸（%）	0.65	-
甲硫胺酸＋半胱胺酸（%）	0.6	-
魚精胺酸（%）	0.6	-
組織胺酸（%）	0.3	-
白胺酸（%）	1.1	-
異白胺酸（%）	0.6	-
苯丙胺酸＋酪胺酸（%）	1.1	-
息寧胺酸（%）	0.6	-
色胺酸（%）	0.2	-
纈胺酸（%）	0.7	-

（每公斤進食量的需求量）

資料2	發育期需求（42～80天大）	整隻需求
分類1		
代謝熱量（kcal／kg）	2600	2400
粗蛋白質（%）	16-17	16
可消化蛋白質（%）	12-13	11-12.5
胺基酸		
離胺酸（%）	0.8	0.8
甲硫胺酸＋半胱胺酸（%）	0.6	0.6
息寧胺酸（%）	0.58	0.6
色胺酸（%）	0.14	0.14
魚精胺酸（%）	0.9	0.8
礦物質		
鈣（%）	0.8	1.1
磷（%）	0.45	0.5
鈉（%）	0.22	0.22
鉀（%）	＜2.0	＜1.8
鉻（%）	0.28	0.3
鎂（%）	0.3	0.3
硫黃（%）	0.25	0.25
銅（ppm）	6	10
鋅（ppm）	25	40
鐵（ppm）	50	100
錳（ppm）	8	10
脂溶性維生素		
維生素A（IU/kg）	6000	10000
維生素D（IU/kg）	1000	1000（＜1500）
維生素E（ppm）	≧30	≧50
維生素K（ppm）	1	2
分類2		
纖維質		
木質纖維素（ADF）（%）	≧17	≧16
木質素（ADL）（%）	≧5	≧5
纖維素（ADF－ADL）（%）	≧11	≧11
木質素／纖維素	≧0.4	≧0.4
中性洗滌纖維（NDF）（%）	≧31	≧31
半纖維素（NDF－ADF）（%）	≧10	≧10
半纖維素＋果膠／ADF	≦1.3	≦1.3
碳水化合物		
澱粉（%）	≦20	≦16
水溶性維生素		
維生素C（ppm）	250	200
維生素B1（ppm）	2	2
維生素B2（ppm）	6	6
菸鹼醯胺（ppm）	50	40
泛酸（ppm）	20	20
維生素B6（ppm）	2	2
葉酸（ppm）	5	5
維生素B12（ppm）	0.01	0.01
類維生素物質		
膽鹼（ppm）	200	100

※註釋

・這是兔子營養需求量的資料。資料1節錄自「Exotic臨床 vol.6」，資料2引用自同書以及「Reflections on rabbit nutrition with a special emphasis on feed ingredients utilization」（部分修改）

・資料1為NCR規範（1977年發表）、資料2為2004年發表的資料（參考26頁說明）。資料2的「分類1」為提高生產性的建議飼料成分，「分類2」為維護健康的理想飼料成分。上述的數值都是每1公斤飼料的資料，請注意。

・資料2的「整隻需求」為以單一食物餵各品種兔子的資料。

・資料2的「ADF」、「NDF」請參考P153的「牧草成分表」。「ADL」為洗劑分析的木質素資料。

参考資料

○R. Baroneほか著、望月公子訳『兎の解剖図譜』学窓社,1977

○赤田光男『ウサギの日本文化史』世界思想社,1997

○Agricultural Research Service "Search the USDA National Nutrient Database for Standard Reference" <http://www.nal.usda.gov/fnic/foodcomp/search/>,[2019年8月22日アクセス]

○芦澤正和、打田正宏、小崎格監修『花図鑑　野菜+果物』草土出版,2008

○E. V. Hillyer、K. E. Quesenberry、監修:長谷川篤彦、板垣慎一『フェレット、ウサギ、齧歯類—内科と外科の臨床』学窓社,1998

○板木利隆監修『野菜の便利帳』高橋書店,2008

○伊藤三郎編『果実の科学』朝倉書店,1991

○猪貴義、星野忠彦、後藤信男、佐藤博編『動物の成長と発育—ライフサイエンス展開の基礎として』朝倉書店,1987

○医薬品情報21 "キャベツの成分と甲状腺" <http://www.drugsinfo.jp/2007/11/12-223844>,[2019年7月2日アクセス]

○医薬基盤・健康・栄養研究所 "「健康食品」の安全性・有効性情報" <https://hfnet.nibiohn.go.jp/>,[2019年7月5日アクセス]

○医薬基盤・健康・栄養研究所 "薬用植物総合情報データベース" <http://mpdb.nibiohn.go.jp/>,[2019年7月5日アクセス]

○旺文社編『飼いかた図鑑　動物1』旺文社,1980

○大井次三郎『植物1(エコロン自然シリーズ)』保育社,1996

○大井次三郎『植物2(エコロン自然シリーズ)』保育社,1996

○奥村純市、田中桂一編『動物栄養学』朝倉書店,1995

○家畜改良センター "飼料作物の主な草種と特徴" <https://www.nlbc.go.jp/shiryosakumotsu/soshu_tokucho.html>,[2019年6月30日アクセス]

○加藤嘉太郎・山内昭二著『改著　家畜比較解剖図説　上』養賢堂,1995

○Carlos De Blas、Julian Wiseman編『Nutrition of the Rabbit 2nd Edition』Cab Intl,2010

○河合正人 "飼料の種類とその特徴(乳牛栄養学の基礎と応用)" <http://id.nii.ac.jp/1588/00003114/>,[2019年6月30日アクセス]

○環境省自然環境局　総務課　動物愛護管理室 "災害時におけるペットの救護対策ガイドライン" <http://www.env.go.jp/nature/dobutsu/aigo/2_data/pamph/h2506/full.pdf>,[2019年8月13日アクセス]

○環境省自然環境局　総務課　動物愛護管理室 "動物愛護管理法" <http://www.env.go.jp/nature/dobutsu/aigo/1_law/>,[2019年8月15日アクセス]

○環境省自然環境局　総務課　動物愛護管理室 "ペットフード安全法" <https://www.env.go.jp/nature/dobutsu/aigo/petfood/>,[2019年7月10日アクセス]

○河南休男著『兎の飼ひ方』有隣堂,1920

○釧路総合振興局 "チモシーの収量を維持するための管理" <http://www.kushiro.pref.hokkaido.lg.jp/ss/nkc/gijyutu/H29/JA06hon.htm>,[2019年6月30日アクセス]

○グレゴリー・L・ティルフォード、メアリー・L・ウルフ、監修:金田俊介、翻訳:金田郁子『ペットのためのハーブ大百科』ナナ・コーポレート・コミュニケーション,2010

○国立環境研究所 "侵入生物データベース　維管束植物" <http://www.nies.go.jp/biodiversity/invasive/DB/toc8_plants.html>,[2019年6月30日アクセス]

○児玉剛史「栄養素から見た野菜の生産性の季節変動」『農業経営研究』37巻3号,1999

○斉藤久美子著『実践うさぎ学』インターズー,2006

○桜井富士郎ほか監修『ペットビジネス　プロ養成講座Vol.2　フードアドバイザー』インターズー,2007

○サルタリィ・ベン "馬の栄養管理について" <http://www.s-ben.co.jp/kaneko_repo/kaneko_report_03_03.html>,[2019年6月30日アクセス]

○ジェイエイ北九州くみあい飼料株式会社 "飼料・畜産情報" <http://www.jakks.jp/feed/>,[2019年6月30日アクセス]

○島田真美「サプリメント(1)」『ペット栄養学会誌』16巻2号,2013

○島田真美「サプリメント(3)」『ペット栄養学会誌』17巻2号,2014

○清水矩宏、宮崎茂、森田弘彦、廣田伸七編著『牧草・毒草・雑草図鑑』畜産技術協会,2005

○植物防疫所 <http://www.maff.go.jp/pps/>,[2019年6月30日アクセス]

○瀬尾肇『こんな有利な兎の飼ひ方と売り方』康業社,1934

○草土出版編集部『花図鑑　ハーブ+薬用植物』草土出版,2004

○高野昭人『おいしく食べる山菜・野草』世界文化社,2013

○高野信雄ほか『粗飼料・草地ハンドブック』養賢堂,1989

○高宮和彦編『野菜の科学』朝倉書店,1993

○田中政晴「國策副業・兎の飼ひ方」『日本婦人』1巻3号,1943

○田村貢編『兎そだて草』田村貢,1892

○ちくさんナビ "ハーブで家畜の健康づくり" <http://jlia.lin.gr.jp/magazine/vol8/003.html>,[2019年7月5日アクセス]

○辻村卓、小松原晴美、荒井京子、福田知子「出回り期が長い食用植物のビタミンおよびミネラル含有量の通年成分変化(1)」『ビタミン』71巻2号,1997

○辻村卓、日笠志津、荒井京子「出回り期が長い食用植物のビタミンおよびミネラル含有量の通年成分変化(2)」『ビタミン』72巻11号,1998

○辻村卓 "野菜の旬と栄養価(月報野菜情報2008年11月号)" <https://vegetable.alic.go.jp/yasaijoho/joho/0811/joho01.html>,[2019年7月25日アクセス]

○津田恒之著『家畜生理学』養賢堂,1994

○霍野晋吉「エキゾチックアニマルの栄養学　1. ウサギ」『ペット栄養学会誌』17巻2号,2014

○David A. Crossley、奥田綾子共著、編・監修:奥田綾子『「げっ歯類とウサギの臨床歯科学」ファームプレス,1999

○東京工科大学 "ローズマリー由来の物質がアルツハイマー病を抑制" <https://www.teu.ac.jp/press/2016.html?id=276>,[2019年7月5日アクセス]

○東京都水道局 "水質基準項目" <http://www.waterworks.metro.tokyo.jp/suigen/kijun/s_kijun1.html>,[2019年7月7日アクセス]

○常磐植物化学研究所 "薬用ハーブ辞典" <https://www.tokiwaph.co.jp/herbs/>,[2019年7月5日アクセス]

○鳥取県動物臨床医学研究所『動物が出会う中毒』緑書房,1999

○中村享靖『兎の飼い方:自給飼料の高速度肥育法』泰文館,1954

○日本科学飼料協会『流通乾牧草図鑑』日本科学飼料協会,2012

○日本作物学会「作物栽培大系」編集委員会監修『栽培作物体系8　飼料・緑肥作物の栽培と利用』朝倉書店,2017

○日本初等理科教育研究会 "学校における望ましい動物飼育のあり方" <http://www.mext.go.jp/b_menu/hakusho/nc/06121213/001.pdf>,[2019年8月10日アクセス]

○日本ホリスティック獣医師協会監修『ホリスティックケアカウンセラー養成講座』カラーズ,2006

○農業・食品産業技術総合研究機構編『日本標準飼料成分表　2009年版』中央畜産会,2010

○農林水産省 "野菜等の硝酸塩に関する情報" <http://www.maff.go.jp/j/syouan/seisaku/risk_analysis/priority/syosanen/index.html>,[2019年7月2日アクセス]

○農林水産省　ペットフードの安全確保に関する研究会 "第5回　ペットフードの安全確保に関する研究会議事概要" <http://www.maff.go.jp/j/study/other/pet_food/pdf/summary5.pdf>,[2019年8月15日アクセス]

○House Rabbit Society "Suggested Vegetables and Fruits for a Rabbit Diet-HRS" <https://rabbit.org/suggested-vegetables-and-fruits-for-a-rabbit-diet/>,[2019年7月2日アクセス]

○林典子、田川雅代『ウサギの食事管理と栄養　エキゾチック臨床vol.6』学窓社,2012

○陽川昌範著『ハーブの科学』養賢堂,1998
○人見必大、訳注：島田勇雄『本朝食鑑5(東洋文庫)』平凡社,1981
○平川浩文「ウサギ類の糞食」『哺乳類科学』34巻2号,1995
○平林忠『兎の飼い方』朝倉書店,1952
○Frances Harcourt-Brown、監訳：霍野晋吉『ラビットメディスン』ファームプレス,2008
○Hawthorne Lodge Veterinary Practice "Rabbit diets" <https://www.hawthorne-lodge-vets-banbury.co.uk/wp-content/uploads/2015/04/hlvp_fs_rabbit_diets.pdf>,[2019年6月30日アクセス]
○Paul A. Flecknell著、訳：斉藤久美子『ウサギの内科と外科マニュアル』,2002
○堀内茂友ほか編『実験動物の生物学的特性データ』ソフトサイエンス社,1989
○御影雅幸、吉光見稚代『検索入門　薬草』保育社,1996
○光岡知足「プロバイオティクスの歴史と進化」『日本乳酸菌学会誌』22巻1号,2011
○村上志緒著『日本のハーブ事典』東京堂出版,2002
○本好茂一監修『小動物の臨床栄養学』マーク・モーリス研究所,2001
○森本宏編『飼料学』養賢堂,1985
○文部省・編『初等科理科一』文部省,1942
○文部科学省 "日本食品標準成分表2015年版(七訂)　水道水の無機質" <http://www.mext.go.jp/component/a_menu/science/detail/__icsFiles/afieldfile/2015/12/24/1365334_1-0326.pdf>,[2019年7月7日アクセス]
○文部科学省 "日本食品標準成分表2015年版(七訂)" <http://www.mext.go.jp/a_menu/syokuhinseibun/1365420.htm>,[2019年8月22日アクセス]
○山田 文雄『ウサギ学　隠れることと逃げることの生物学』東京大学出版会,2017
○雪印種苗株式会社 "輸入乾草について(Ⅰ)" <http://livestock.snowseed.co.jp/public/4e73725b/6804990a/jklwkp>,[2019年6月30日アクセス]
○履亭主人訳『牧畜要論 初編 兎の部』履亭主人,1873
○The Royal Society for the Prevention of Cruelty to Animals "What should a rabbit's diet consist of?" <https://www.rspca.org.uk/adviceandwelfare/pets/rabbits/diet/planner>,[2019年7月2日アクセス]
○うさぎの時間編集部『うさぎの時間』no.21うさぎの献立,誠文堂新光社,2018
○うさぎの時間編集部『うさぎの時間』no.22保存版うさぎを守る災害備蓄,誠文堂新光社,2018
○うさぎの時間編集部『うさぎの時間』no.23　特集10歳ごえうさぎの献立内おいしくやさしくうさぎのケアごはん,誠文堂新光社,2019
○うさぎの時間編集部『うさぎの時間』no.23　保存版うさぎのヒヤリ・ハット,誠文堂新光社,2019

照片提供、攝影、取材協助

照片提供、取材協助

発刊にあたり、アンケートへのご協力、写真・情報のご提供をいただき、誠にありがとうございました。

◎めぐみ&ほーりー
◎みかマロ&ばにら、龍太郎、ししマロ
◎MaRi & Lente、Rand
◎石原明&神楽さん、蘭ちゃん、マロンさん、じじ、みるく、もも、さくら、あおい
◎ちょびすけっと&マリー、琥珀
◎三上由紀子&ココ
◎ちょこもも&ささみ、きゅうた
◎高橋いずみ&マーブル
◎RAC &ジャック、sherry
◎金谷善雄&くぅ～
◎あやぴ&かぼちゃ
◎よういち&けいこ&ルナちゃん
◎藤本加奈子&ゆきみ、だいふく
◎美佳&むぅ、エム
◎たまちぅ&チャイ氏
◎つねママ&つね
◎あさり&わた
◎中野恵三子&ふわり
◎佐久間一嘉&カロリ
◎あこ&きなこ
◎みったんママ&きしめん
◎ちびたんのママ&ちび
◎yuka&うさ子
◎Meg & Noi
◎まーぁさん&まろん
◎ゆかり&ファービー
◎おかーしゃん社長&参事
◎おぺら&こぺら
◎かりんママ&かりん
◎あず&くろ
◎ハナちゃん&エマ
◎*tamaki*&ぽん太郎、きゅん太郎
◎ここママ&ここあ
◎tomo☆&ピース
◎リズ母さん&リズ
◎上坂ちぐさ& Luna
◎ましまむ&ましろ
◎島田恵&ジューラ
◎ピーちゃんママ&ピーター
◎ジュン&コデマリ
◎ゆきうさぎふ。&うささん。
◎吉田&なおみ
◎mayumi & Glück
◎もも&くまじろう
◎ぽりちゃん&なす
◎マナティ&こいも
◎ひろのり&まめ
◎りの&くぅ
◎みほかつ&モカ
◎ミセスラビット&ピーター
◎いくら&うに
◎もん&ちぃ
◎関本あやめ&うーたん、ここあ
◎リエ&うーいちろう
◎にちこ&ニッチ
◎U&ぽよ
◎おーさかや

攝影協助

◎梶原紀子
◎由美
◎谷口正行・絵里香
◎落合泰三・紘子
◎塚越麗子
◎藤本浩輔・加奈子
◎島田隆道・恵
◎大澤由子
◎熊谷香代
◎井之輪徹・和恵
◎内田麻衣

著者簡介

大野瑞絵

生於東京，目前為動物作家。以「妥善照顧動物，動物就能得到幸福。動物得到幸福，飼主也能得到幸福」為座右銘，從事各種活動。著有《デグー完全飼育》、《フクロモモンガ完全飼育》、《新版よくわかるウサギの健康と病気》（誠文堂新光社）、《うさぎと仲よく暮らす本》（新星出版社）等書。
目前也執筆動物相關雜誌專欄。一級玩賞動物飼養管理師、人與動物關係學會會員、整體顧問、蔬菜侍酒師。

監　修　みわエキゾチック動物病院院長　三輪恭嗣（P113 ～ 139）

攝影協助
町田修（うさぎのしっぽ）

製作協助
うさぎのしっぽ、ココロのおうち、uta、BUNNY GARDEN、有限会社ウーリー、株式会社三晃商会、株式会社マルカン、株式会社川井、イースター株式会社、株式会社ニチドウ、ジェックス株式会社、ハイペット株式会社、有限会社メディマル、株式会社 リーフ（Leaf Corporation）、日本ビーエフ株式会社、株式会社アラタ、株式会社ペティオ、株式会社BWH、株式会社アピックスインターナショナル、うさぎの時間

STAFF
寫　　真　井川俊彦
　　　　　蜂巣文香（P140～143）
　　　　　編集部
　　　　　Pixta
設　　計　橘川幹子
插　　畫　川岸歩
編　　集　前迫明子
執筆協助　佐藤華奈子
　　　　　（P84～88、P105～111、P132～133）
企劃・進行　and bocca 中村夏子

SHINPAN YOKUWAKARU USAGINO SYOKUJITO EIYOU

兔兔喜歡吃什麼？
兔子的飲食與營養百科

出　　版／楓葉社文化事業有限公司
地　　址／新北市板橋區信義路163巷3號10樓
郵政劃撥／19907596 楓書坊文化出版社
網　　址／www.maplebook.com.tw
電　　話／02-2957-6096
傳　　真／02-2957-6435
著　　者／大野瑞絵
翻　　譯／許郁文
責任編輯／王綺
內文排版／洪浩剛
校　　對／邱怡嘉
港澳經銷／泛華發行代理有限公司
定　　價／480元
出版日期／2020年8月

國家圖書館出版品預行編目資料

兔兔喜歡吃什麼? 兔子的飲食與營養百科 / 大野瑞絵作；許郁文翻譯. -- 初版. -- 新北市：楓葉社文化, 2020.08　面；　公分

ISBN 978-986-370-221-4（平裝）

1. 兔 2. 寵物飼養

437.374　　109007718